Thilivhali Eugene Rasimphi

Desafios, oportunidades e possíveis intervenções

Thilivhali Eugene Rasimphi

Desafios, oportunidades e possíveis intervenções

No sector do biogás nas zonas rurais do Limpopo, África do Sul

ScienciaScripts

Cover image: www.ingimage.com

This book is a translation from the original published under ISBN 978-620-7-65286-0.

Publisher:
Sciencia Scripts
is a trademark of
Dodo Books Indian Ocean Ltd. and OmniScriptum S.R.L publishing group

120 High Road, East Finchley, London, N2 9ED, United Kingdom
Str. Armeneasca 28/1, office 1, Chisinau MD-2012, Republic of Moldova, Europe
Managing Directors: Ieva Konstantinova, Victoria Ursu
info@omniscriptum.com

Printed at: see last page
ISBN: 978-620-8-54817-9

Conteúdo

CAPÍTULO 1

DESAFIOS, OPORTUNIDADES E POSSÍVEIS INTERVENÇÕES NO SECTOR DO BIOGÁS NAS ZONAS RURAIS DE LIMPOPO, ÁFRICA DO SUL

ÁFRICA DO SUL

Thilivhali Rasimphi*, Beata Kilonzo[1], David Tinarwo[2], Pertina Nyamukondiwa[1]

[1] *Instituto de Desenvolvimento Rural, Universidade de Venda, Thohoyandou, África do Sul*

África do Sul; [2] Departamento de Física, Faculdade de Ciências, Engenharia e Agricultura; Universidade de Venda, Private Bag X5050, Thohoyandou, 0950. África do Sul.

Autor correspondente: e-mail: eugenethilivhali@yahoo.com*;11583291@mvula.univen.ac.za * (0792550203)

RESUMO

A tecnologia do biogás é uma solução sustentável e amiga do ambiente para satisfazer as necessidades energéticas, especialmente nas zonas rurais. No entanto, apesar dos seus potenciais benefícios, a adoção da tecnologia do biogás nas zonas rurais de Limpopo, na África do Sul, precisa de ser melhorada. Este documento tem como objetivo analisar criticamente os factores causais que contribuem para a baixa aceitação da tecnologia do biogás nas zonas rurais da província do Limpopo e fornecer possíveis estratégias de intervenção para acelerar a implementação. O estudo utilizou a abordagem de método misto. Os métodos de recolha de dados incluíram questionários, inquéritos no terreno, revisões da literatura e opiniões de peritos. A análise revelou que, embora a tecnologia do biogás seja considerada como a melhor opção térmica para responder às crises energéticas domésticas, os estrangulamentos identificados têm de ser resolvidos. Os desafios identificados incluem estratégias deficientes para promover a adoção generalizada da tecnologia do biogás na província do Limpopo. A compreensão das perspectivas das partes interessadas, incluindo os organismos governamentais, as comunidades locais e as empresas privadas, é essencial para o desenvolvimento de estratégias que promovam a utilização da tecnologia do biogás. São necessárias intervenções para resolver os desafios nas zonas rurais. A formação, as iniciativas de reforço das capacidades e a sensibilização educativa devem ser empreendidas nas zonas rurais para estimular a adoção da tecnologia do biogás. O envolvimento do sector financeiro no espaço das energias renováveis é fundamental, especialmente agora que se fala de uma mudança para combustíveis mais limpos. Apesar das imensas vantagens da tecnologia do biogás, especialmente no que respeita à redução das emissões de gases com efeito de estufa e à melhoria da segurança energética dos agregados familiares, a sua utilização, aceitação e adoção são ainda reduzidas.

Palavras chave: Aceitação, Tecnologia de Biogás, Energia Renovável, Acessibilidade, Percepções

1. INTRODUÇÃO

Muitos países africanos precisam de ajuda no fornecimento de energia nas zonas rurais. A energia é um fator essencial na produção e distribuição de alimentos, uma vez que quase só é possível alcançar a segurança alimentar com energia suficiente. Os governos de todo o mundo estão a insistir na adoção de energias renováveis (Cheng et al., 2017; Cong et al., 2017). A tecnologia do biogás, uma das tecnologias de energias renováveis adequadas às zonas rurais, foi testada em vários países em desenvolvimento, como a China e a Índia. Smith et al. (201) apoiaram este facto, afirmando que a tecnologia do biogás poderia desempenhar um papel significativo na consecução dos objectivos de desenvolvimento sustentável (Gwavuya et al., 2012; Rasul & Sharma, 2016). A inclusão e o reconhecimento da tecnologia do biogás incentivam o desenvolvimento socioeconómico e criam oportunidades de emprego e uma via de crescimento ambiental (Aliyu AK et al., 2017; Mottaleb & Rahut, 2019). A produção de eletricidade não acompanhou o ritmo da procura crescente no contexto sul-africano; isto é claro, uma vez que o país está a sofrer cortes contínuos de carga, de acordo com o Departamento de Minerais e Energia (Garfí et al., 2016; Cassandra et al., 2018). As recentes falhas de energia na África do Sul resultaram de um fraco investimento e da incapacidade de expandir a produção devido a um investimento insuficiente no desenvolvimento e apoio à capacidade de produção de eletricidade (Ghimire et al., 2013). Apesar das despesas com energia efectuadas pelas comunidades rurais, os preços da energia continuam a aumentar (Department of Energy, 2014). O Departamento de Energia explicou ainda que este aumento dos preços da energia causaria muito stress às comunidades rurais. Assim, é essencial considerar substitutos para responder à elevada procura de energia.

A tecnologia do biogás é uma tecnologia de energia renovável que pode ser utilizada nas zonas rurais para aplicações térmicas. A tecnologia do biogás pode responder aos terríveis desafios enfrentados pelas comunidades rurais na África do Sul (Arthur et al., 2011; Lohani et al., 2021). A adoção de energias renováveis, como argumentado por Sibisi & Green (2017). Além disso, a decisão das escolhas energéticas depende principalmente do nível de rendimento do agregado familiar, da sua dimensão e do conhecimento das fontes de energia disponíveis. Por exemplo, o DoE (2014) mostrou que os agregados familiares de baixo rendimento na África do Sul dependem fortemente da lenha para cozinhar. Tal como outros países subsarianos, a África do Sul baseia-se fortemente na biomassa tradicional para a energia doméstica (cozinha, aquecimento e iluminação); mais de 93% da sua população obtém energia a partir da biomassa tradicional (Msibi & Gerrit, 2017). Há evidências de que a aceitação da tecnologia do biogás precisa de ser melhorada, e pouco se sabe sobre os factores que podem estar a causar esta fraca taxa de aceitação, particularmente entre as famílias rurais (Laramee & Davis, 2013; Ammenberg et al., 2018). É imperativo compreender os factores que fazem com que a tecnologia do biogás seja mal aceite. Considerar os factores sociais, económicos e tecnológicos é essencial para compreender porque é que as pessoas mais pobres do Limpopo não utilizam de forma óptima a tecnologia do biogás, que é potencialmente benéfica para as suas vidas diárias (Moreda, 2016). A baixa adoção da tecnologia de biogás é paradoxal com o abundante potencial de energia renovável que a província possui (Ho *et al.*, 2013). No entanto, o facto é que a atual utilização da tecnologia de biogás no Limpopo poderia ser muito maior (Meijer *et al.*, 2015; Mittal *et al.*, 2018). Vários seminários e workshops sobre energias renováveis que o governo iniciou muitas vezes não consideram a tecnologia do biogás.

Embora haja um entendimento geral de que existem problemas, com uma série de diferentes partes interessadas (académicas e não académicas) com opiniões e percepções diferentes, não há clareza sobre quais são esses problemas (Muradin & Foltynowicz, 2014; Yasmin & Grundmann, 2021). Isto significa que é difícil encontrar soluções, uma vez que ninguém sabe onde deve ser abordada a questão (Moli, *et al.*, 2021). Isto é ainda mais complicado porque a situação é quase sempre específica do contexto. Como tem havido muito pouca investigação sobre a implementação da tecnologia do biogás no contexto específico do Limpopo, a maior parte da informação sobre problemas e possíveis soluções é anedótica. Este facto levou a uma atitude derrotista, apesar das provas de que o biogás pode ser bem sucedido em algumas partes da África do Sul.

A tecnologia do biogás foi identificada como uma tecnologia para as zonas rurais do Limpopo, que é suscetível de contribuir para o desenvolvimento sustentável, abordando problemas de pobreza energética e degradação ambiental (Ocwieja 2010). A tecnologia tem o potencial de contribuir para a meta do Objetivo de Desenvolvimento Sustentável (SDG) (Rasul & Sharma, 2016). Apesar deste reconhecimento, a adoção da tecnologia do biogás nestas áreas tem sido muito lenta desde a investigação e desenvolvimento na década de 1970 (Raha et al., 2014). Embora tenha sido feita uma quantidade significativa de investigação sobre a tecnologia do biogás na África do Sul, esta só foi implementada com sucesso em alguns projectos e praticamente nada foi feito para desenvolver uma indústria de biogás (Sovacool, et al. 2011). Este é um sinal de que os impedimentos à implementação da tecnologia do biogás não são tecnológicos, mas residem noutras áreas (Meyer *et al.*, 2021). Assim, é apropriada uma investigação para tentar compreender as causas da baixa adoção da tecnologia do biogás nas zonas rurais do Limpopo. Por isso, o objetivo deste estudo foi analisar os factores que causam a baixa aceitação da tecnologia do biogás e depois propor intervenções. A ideia é desenvolver um sistema que possa resolver os problemas reais, que seja acessível, fácil de implementar e manter, e que dê aos utilizadores benefícios reais.

Os objectivos do estudo são os seguintes:

- Identificar e compreender os principais estrangulamentos que se colocam à disseminação da tecnologia do biogás doméstico na África do Sul.
- Compreender as necessidades e percepções dos potenciais utilizadores finais da tecnologia do biogás na África do Sul, incluindo se a tecnologia do biogás é vista como uma alternativa energética viável e os principais factores e obstáculos à sua aceitação.
- Recomendar potenciais intervenções que possam ser utilizadas para estimular uma adoção mais rápida da tecnologia do biogás na África do Sul.

2. METODOLOGIA

Neste estudo, o objeto de investigação são os utilizadores de biogás e, mais exclusivamente, aqueles que já possuem digestores de biogás. Os outros grupos são os futuros utilizadores de biogás que ainda não compraram os seus digestores e as pessoas que nunca ouviram falar da tecnologia do biogás. Ao conhecer o objeto da investigação e o que se pretende com o seu resultado, o investigador pode inferir o que é necessário fazer para atingir esses objectivos. Este estudo utilizou uma conceção de investigação exploratória porque permitiu explorar e explicar os factores causais, as atitudes das famílias em relação à utilização do biogás, as opiniões sobre a adoção da tecnologia do biogás nas zonas rurais e as opiniões sobre as oportunidades de investimento na tecnologia do biogás. Esta informação foi depois utilizada para medir os conhecimentos e a sensibilização das partes interessadas em relação à tecnologia do biogás. As perguntas semi-estruturadas (abertas) permitiram ao investigador ter um guia de entrevista generalizado, que tinha uma sequência variada e, ao mesmo tempo, permitiu ao investigador fazer perguntas adicionais significativas (Bryman, 2012). O método de pesquisa qualitativa foi adequado para este estudo porque, segundo Terre-Blanche *et al.* (2006), a pesquisa qualitativa procura preservar a integridade dos nativos e tenta usar os dados para exemplificar temas incomuns ou centrais embutidos nos conteúdos.

Trinta (30) agregados familiares no município local de Polokwane e nos municípios locais de Collins Chabane nos distritos de Capricórnio e Vhembe (Figura 1) foram selecionados através de um estudo de caso. Apenas os agregados familiares que participaram nos projectos de biogás implementados pelo Município do Distrito de Capricórnio (CDM), pelas Organizações de

Desenvolvimento Industrial das Nações Unidas (UNIDO) e pelo Instituto Nacional de Energia da África do Sul (SANEDI) foram selecionados propositadamente para o estudo. Antes da recolha de dados propriamente dita, foram identificados os beneficiários do projeto de tecnologia de biogás em cada aldeia. Dos agregados familiares identificados, apenas dez foram selecionados aleatoriamente por aldeia. Creswell e Tashakkori (2007) afirmam que dez inquiridos constituem um tamanho de amostra suficientemente grande para um estudo fenomenológico em estudos qualitativos.

Em contrapartida, Morse (1995) sugere que seis inquiridos são suficientes para atingir a saturação dos dados num estudo fenomenológico. Além disso, Bernard (2011) defende que o padrão ideal para o tamanho da amostra qualitativa é "entrevistar até à redundância" ou entrevistar até à saturação. Dada a necessidade de um maior consenso sobre a dimensão adequada da amostra em estudos exploratórios, este estudo visou 30 inquiridos, com idades compreendidas entre os 18 e os 60 anos, muito para além da dimensão da amostra sugerida na literatura para estudos exploratórios. Foram realizadas entrevistas face-a-face em profundidade para solicitar a opinião de cada família sobre o uso da tecnologia do biogás, os desafios e possíveis intervenções . Os dados transcritos foram exportados para o Atlast ti. Foram analisados utilizando a Análise de Rede Temática (TNA) no Atlas ti versão 9. Os dados foram analisados utilizando codificação aberta, código por lista, e in vivo - a relação e o padrão lógico que explicam as vantagens e desvantagens percebidas da utilização da tecnologia do biogás.

Descrição da área de estudo

O estudo foi efectuado nos distritos de Vhembe, Capricórnio e Sekhukhune, na província do Limpopo, como mostra a Figura 1. Foram selecionadas as aldeias de Chavani, Makgoba, Indermark, Innes, Elim, Magoro, Ga-Sekele e Emkhondweni. A seleção destas áreas de estudo na província do Limpopo deveu-se ao facto de estas áreas serem onde foram realizadas demonstrações da tecnologia do biogás. No distrito de Vhembe (município local de Makhado e Collins Chabane), foram instalados 15 digestores; em Capricórnio (município de Blouberg e Polokwane), foram instalados 22 digestores de demonstração, e 6 digestores (município local de Makhuduthamaga) foram instalados no distrito de Sekhukhune. A província tem um elevado Índice de Desenvolvimento Humano (IDH) de 0,710, que é o terceiro mais elevado da África do Sul. A maioria dos habitantes do Limpopo vive em zonas rurais, o que conduziu a um novo fenómeno de desenvolvimento rural.

Limitações da metodologia

Embora tenha havido uma abordagem metodológica rigorosa, existem limitações. Estas incluem restrições à dimensão da amostra, enviesamentos de resposta e generalização dos resultados.

3. RESULTADOS E DISCUSSÃO

3.1 Perfil demográfico

Foi efectuada uma análise do perfil demográfico para compreender a distribuição dos inquiridos por categorias distintas, como mostra o quadro 1 abaixo. Cerca de 55% dos inquiridos eram do sexo masculino e 45% do sexo feminino. Isto deve-se ao facto de os homens chefiarem a maioria dos agregados familiares. Os dados sugerem uma distribuição diversificada dos inquiridos em diferentes grupos etários e géneros, fornecendo uma visão abrangente do panorama demográfico em estudo.

Quadro 1 Perfil demográfico dos inquiridos

Género	Feminino	16	55%
	Masculino	13	45%
Grupo etário	51 anos ou mais	7	24.1%
	41 - 50 anos	7	24.1%
	30 - 35 anos	7	24.1%
	35 - 40 anos	5	17.2%
	25 - 29 anos	2	7%
	18-24 anos	1	3.5%

3.2 Fonte de informação sobre o biogás

Sobre a fonte de informação sobre o biogás, uma proporção significativa dos entrevistados na Tabela 2, 66,67%, indicou que citou amigos e projetos de demonstração, destacando o papel das redes interpessoais e das instituições de ensino na disseminação de informações.

Quadro 2 Fontes de informação sobre a tecnologia do biogás

		Frequência	**Percentagem**
Fonte de informação	Projectos de demonstração	20	66.67%
	Envolvidos no trabalho do biogás	3	10.00%
	Amigo	2	6.67%
	Rádio, Jornal, Amigo, Projectos de demonstração	2	6.67%
	Departamento governamental	1	3.33%
	T.V.	1	3.33%
	Redes sociais	1	3.33%

3.3 Desafios associados à implementação da tecnologia do biogás na área de estudo

Os factores que contribuem para a baixa aceitação da tecnologia do biogás foram predominantemente atribuídos ao financiamento da construção de um digestor; cerca de 36,67% dos inquiridos indicaram que a construção de um digestor é bastante dispendiosa e cerca de 26,67% dos inquiridos indicaram a falta de informação sobre os benefícios do biogás e as oportunidades de financiamento, como se mostra no Quadro 3.

Quadro 3 Razões para a não adoção da tecnologia do biogás

	Factores causais da baixa absorção	Frequência	Percentagem
Razão para a fraca aceitação da tecnologia do biogás	Instalação dispendiosa	11	36.67%
	Falta de informação (financiamento e benefícios)	8	26.67%
	Demasiado poucos operadores qualificados e experientes.	3	10.00%
	Escassez de estrume de vaca	3	10.00%
	Elevada perceção de risco por parte dos financiadores	2	6.67%
	Baixa divulgação de projectos bem sucedidos sobre a tecnologia	2	6.67%
	Falta de capacidade e de competências, especialmente no sector da construção	1	3.33%

Os resultados da área de estudo revelam que a implementação da tecnologia de biogás em Capricorn e Vhembe ainda está atrasada devido a factores como o investimento inicial, desafios técnicos e indisponibilidade de matéria-prima.

De acordo com a figura 2 abaixo, foram gerados vários temas, conforme indicado na figura abaixo. O diagrama de fluxo de rede mostra como os temas gerados estão interligados de modo a concretizar a adoção da tecnologia do biogás nas zonas rurais. Os temas gerados incluem a viabilidade financeira, o conhecimento e a sensibilização, a inovação e as oportunidades de negócio, a perceção e as atitudes. A análise revelou que existem reacções mistas em relação à aceitação da tecnologia do biogás, o que se deve aos custos iniciais do investimento na tecnologia do biogás. As percepções dos agregados familiares diferem consoante a sua capacidade financeira. Outros indicaram que o espaço é outra questão que afecta a aceitação da tecnologia do biogás.

3.3.1 Barreira do conhecimento e sensibilização

Os resultados da área de estudo indicam que ainda é necessário haver conhecimentos e competências técnicas adequados na área de estudo. Os inquiridos indicaram que os técnicos não são facilmente encontrados e que os seus conhecimentos são limitados para resolver os desafios com os digestores. Como mostra a Tabela 1 abaixo, os resultados indicam que 16,67% dos agregados familiares com digestores indicaram que estes não estavam a funcionar porque não eram bem alimentados, o que é atribuído a desafios de matéria-prima (disponibilidade de recursos) como mostra a figura 2. Cerca de 26,67% dos agregados familiares com digestores indicaram que os digestores estão a funcionar bem e que os estão a utilizar. Embora os agregados familiares tenham recebido formação para alimentar e manter os digestores, precisam de assistência para arranjar ou para obter matéria-prima. O outro desafio que os agregados familiares identificaram foi a baixa produção de gás. Eles optam pela próxima fonte de energia disponível sempre que a produção de gás dos digestores é baixa.

Tabela 4 Estado dos biodigestores na área de estudo

Está a funcionar sem quaisquer desafios técnicos	8	26.67%
Não está a funcionar: A instalação não está a funcionar corretamente. Desde a sua instalação, nunca funcionou até agora	5	16.67%
Não está a funcionar bem porque não o alimentámos muito bem porque o nosso gado não está a regressar a casa na estação seca	5	16.67%
Trabalhar bem	4	13.33%
Sim, estava a funcionar, mas não muito bem	4	13.33%
Não está a funcionar bem	4	13.33%

3.3.2 Viabilidade financeira

Os resultados indicam que o investimento de capital inicial necessário para a construção de digestores de biogás constitui um obstáculo, especialmente nestas zonas rurais, como mostra a figura 2. Da mesma forma, o acesso a opções de financiamento, como empréstimos, subvenções ou subsídios, não é fácil. Além disso, o pré-tratamento mecânico antes da digestão, que por vezes é necessário para uma produção efectiva de biogás, pode ser dispendioso. Como resultado destes desafios, as instituições financeiras consideram a tecnologia do biogás de alto risco e necessitam de maior familiaridade com os modelos de financiamento para projectos de energias renováveis. O apoio financeiro do governo e de organizações não governamentais é necessário para alcançar melhorias significativas. Infelizmente, muitos projectos de biogás centram-se apenas na satisfação das necessidades energéticas, com pouca consideração pelos benefícios económicos. Muitas vezes, os beneficiários precisam de receber formação adequada para obterem rendimentos financeiros dos projectos de biogás, e o potencial de integração agrícola ou outras formas de ganhos económicos não é totalmente explicado. Consequentemente, os beneficiários perdem o interesse e o envolvimento quando estes projectos não geram ganhos financeiros. As instituições financeiras consideram frequentemente o sector da bioenergia de alto risco, o que torna muito difícil para os investidores obterem fundos. Fundos inadequados para financiar a produção, transmissão e distribuição de energia, juntamente com baixas taxas de retorno devido aos elevados custos operacionais e ao baixo consumo, são alguns dos desafios que as comunidades sul-africanas enfrentam. Os problemas na criação de capital de financiamento para a bioenergia na África do Sul afectaram a implementação de projectos de biogás.

3.3.3 Quadro político e regulamentar

O desenvolvimento da política energética na África do Sul tem sido geralmente lento e muitas zonas rurais, como a área de estudo, são afectadas por esta lacuna, e o papel das energias renováveis tem sido ofuscado pela ênfase dominante no carvão, para o qual existe uma estratégia de investimento clara e objectivos definidos. Por vezes, os sistemas são tão burocráticos que a aplicação das políticas poderia ser mais rápida e fácil. A adoção e a aplicação de tecnologias modernas de energias renováveis têm sido dificultadas por uma política inadequada e muitos dos municípios não estão familiarizados com a tecnologia do biogás, por uma fraca integração das energias renováveis nos planos de desenvolvimento nacionais e por um empenho inadequado na aplicação da política energética. Embora estas regulamentações tenham sido concebidas no melhor interesse da nação e dos investidores, alguns investidores sentiram que havia muitos riscos em investir no país devido a estas enormes exigências e monitorização.

3.3.4 Perceção e atitudes

A inércia na mudança de formas primitivas de energia para energias modernas, como o biogás, foi atribuída aos costumes e tradições de algumas comunidades. A perceção da falta de fiabilidade do biogás também contribuiu para a resistência à mudança em alguns casos, como se mostra no Quadro 5. As instituições que levam a tecnologia do biogás para uma área devem compreender plena e amplamente os tabus e crenças religiosas dessa área. Poderá ser necessário criar um programa de sensibilização bem elaborado, utilizando um membro muito influente dessa comunidade para divulgar a informação, se as pessoas tiverem de compreender plenamente os benefícios da tecnologia do biogás que lhes está a ser apresentada. A tabela abaixo mostra a significância estatística dos desafios do biogás como fonte de energia na área de estudo.

Quadro 5 Opinião dos participantes sobre a utilização de outras fontes de energia para cozinhar/aquecer

Variável	Coeficiente	Std Erro	valor t	Valor de p	[0.025	0.975]
const	3.2838	0.1514	21.692	0.0	2.9852	3.5824
Respondente	-0.3076	0.062	-4.9637	0.0	-0.4299	-0.1854
Município	-0.0303	0.0241	-1.2598	0.2093	-0.0778	0.0172
Distrito Município	-0.0078	0.0281	-0.2775	0.7817	-0.0631	0.0476
Aldeia	0.0228	0.0125	1.8246	0.0696	-0.0018	0.0473
Género	-0.0574	0.07	-0.8196	0.4134	-0.1955	0.0807
Idade	-0.0163	0.0277	-0.588	0.5572	-0.0709	0.0384

O tipo de "inquirido" apresentou um coeficiente negativo significativo de -0,3076 (valor-t = -4,9637, valor-p = 0,0), o que implica que certos tipos de inquiridos podem ter percepções menos positivas em relação a outras fontes de energia do que outros. No entanto, a "aldeia" apresentou um coeficiente de 0,0228 (valor t = 1,8246, valor p = 0,0496), indicando uma influência positiva na utilização de outras fontes de energia consoante a aldeia. Devido às crenças tradicionais, as pessoas nas aldeias podem achar difícil aceitar a mudança para o biogás porque precisam de adquirir conhecimentos sobre os seus benefícios. Este tem sido um desafio na adoção e implementação da tecnologia do biogás na África do Sul. Os Inquéritos sobre Condições de Vida e Monitorização de 2006 e 2010 mostraram que uma percentagem menor de agregados familiares (16%) utilizava eletricidade, apesar de 53,0% dos agregados familiares urbanos terem acesso à eletricidade. Cerca de 80% dos agregados familiares utilizam a lenha como fonte de energia (Yasar, et al., 2017). Por conseguinte, a perceção do baixo custo da lenha e do carvão vegetal, as crenças tradicionais e culturais e os costumes contribuíram para a relutância em adotar e implementar projectos de biogás.

3.4 Oportunidades e possíveis estratégias de intervenção

3.4.1 Inovação e oportunidades de negócio

Os resultados indicam que 80% dos inquiridos vêem a tecnologia do biogás como uma oportunidade de investimento. Cerca de 20% dos inquiridos indicaram que o biogás não pode ser uma oportunidade de investimento devido à paisagem, que ainda precisa de ser favorável.

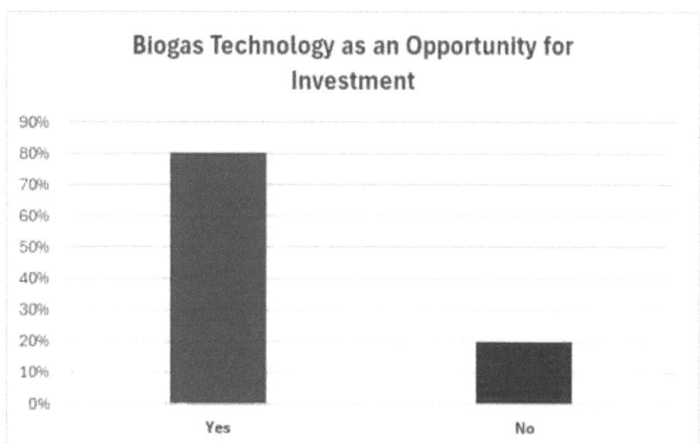

Figura 1 A tecnologia do biogás é vista como uma oportunidade de investimento Além disso, 25% reconheceram a tecnologia do biogás como uma oportunidade de negócio viável, citando razões como a atenuação dos desafios da eletricidade e a capitalização dos benefícios dos produtos finais. O biosslurry que obtêm é utilizado como estrume. O outro subproduto é o chorume, que tem potencial para ser comercializado nas zonas rurais. Alguns dos pontos de vista são expressos na Tabela 6 abaixo:

Quadro 6 Opiniões sobre a utilização de bio-slurry

Estou a utilizar o estrume no jardim	25
Sim, utilizam-no como fertilizante para as suas plantas.	20
Por vezes utilizo-o	16.6
Sim, o digerido deve ser valorizado como um dos bioprodutos do biogás	8.3
Não. É difícil saber quem está a fazer o quê e onde com o bioslurry. O que ouvimos falar é através do boca a boca, por exemplo, conheço alguém que está a fertilizar o seu campo mas ainda não o comercializou.	8.3
Muito abaixo do nível de utilização adequado.	4.1
A certificação para o estatuto de composto ainda é complicada, pelo que, como artigo comercializável, ainda é limitada. No entanto, as unidades agrícolas estão a enriquecer os seus solos e culturas	4.1
Não é fácil de dizer. Quando lhes perguntamos, eles indicam que estão a utilizar o chorume.	4.1
Ainda não o vi no contexto sul-africano.	4.1

Não - muito pouco conhecimento e experiência sobre o valor dos digestores como fertilizante	5.4

3.4.2 Opinião dos agregados familiares sobre a utilização da tecnologia do biogás nas zonas rurais

Os agregados familiares escolheram a fonte de energia pela sua facilidade de utilização, preço e disponibilidade. Os agregados familiares com digestores escolhem o biogás devido à sua disponibilidade sempre que querem cozinhar. Do inquérito, 40% indicaram que o biogás é útil e reduz o custo da eletricidade nas suas casas, como indicado na Tabela 7.

Quadro 7 Percepções sobre a utilização do biogás

É útil e reduz o custo da eletricidade em nossa casa	12	40.00%
A cozinha é livre de fumo	5	16.67%
Não sei	3	10.00%
É útil e também muito importante nesta altura de fases de redução de carga	3	10.00%
Poupa o ambiente	2	6.67%
É a melhor opção ecológica	2	6.67%
É uma boa fonte de energia	1	3.33%
Reduz a nossa dependência da lenha	1	3.33%
Posso utilizar o biogás porque a minha saúde não é afetada	1	3.33%

Os agregados familiares que utilizavam a tecnologia do biogás indicaram que estavam a beneficiar porque conseguiam poupar nas suas despesas mensais de energia. A tecnologia do biogás proporcionou um ambiente limpo para cozinhar nas suas cozinhas, e já não podiam depender da lenha para satisfazer as suas necessidades de energia térmica.

3.4.3 Iniciativas de reforço das capacidades

É necessário adotar estratégias a longo prazo para promover a tecnologia do biogás e garantir a sustentabilidade da tecnologia. Após a introdução da tecnologia junto dos beneficiários selecionados, não existe um plano de manutenção e funcionamento de rotina a longo prazo. Principalmente após a construção do digestor, o apoio do Governo não é acompanhado de apoio técnico. As famílias não se apercebem do potencial da tecnologia do biogás e, com o tempo, abandonam as estruturas. Para utilizar eficazmente o digestor, o utilizador deve ter alguma experiência sobre como beneficiar do mesmo. Um conhecimento suficiente dos benefícios do bio chorume pode ajudar os agricultores familiares a utilizar o chorume para melhorar as suas culturas de forma eficiente. Assim, o conhecimento é fundamental para a utilização e utilização da tecnologia do biogás nas zonas rurais. Com o conhecimento do funcionamento da tecnologia do biogás, os agregados familiares poderão utilizar os digestores no seu potencial máximo de forma eficaz. Outro fator é a limitação das oportunidades de financiamento nas zonas rurais; é necessário haver mais informação sobre as oportunidades do sector financeiro (Rowse, 2011). Por exemplo, a maioria das pessoas das zonas rurais precisa de estar ciente das oportunidades de financiamento do sector bancário. Os programas de reforço de capacidades centrados nas competências técnicas, na gestão financeira e na capacitação da comunidade são cruciais para a sustentabilidade do projeto.

Através do envolvimento com a literatura e da investigação primária realizada como parte desta exploração, os resultados da falha do digestor de biogás podem ser vistos como uma série de desafios de software e hardware em vez de um único problema (Mulinda *et al.*, 2013). Infelizmente, os desafios são visíveis ao longo do ciclo de vida da tecnologia de biogás nos agregados familiares, por exemplo, alguns são visíveis durante a construção, alguns são visíveis durante a operação e utilização e alguns são visíveis durante a monitorização e manutenção. Como tal, as diferentes partes interessadas desempenham papéis cruciais durante o ciclo de vida do digestor. A educação é um dos desafios mais significativos que impedem o progresso da tecnologia do biogás. Para mostrar o biogás como uma opção prática e sustentável, é essencial educar as pessoas sobre os potenciais méritos económicos, sanitários, sociais e ambientais da tecnologia do biogás. É necessário desenvolver programas especializados que conscientizem e forneçam conhecimento a um público amplo por meio de vários meios de comunicação de massa e diálogos com várias partes interessadas (Omiti *et al.*, 2009; Abubakar & Ismail, 2012; Ghimire, 2013). Mais importante ainda, devem ser promovidos programas de transferência de tecnologia e conhecimento dos países onde as tecnologias de biogás já foram implementadas com sucesso para países ao redor do mundo.

3.4.4 Sustentabilidade financeira e inclusão social

A produção de biogás a partir de resíduos animais continua a ser uma excelente forma, quando utilizada corretamente. É também dececionante que a eficácia das iniciativas de promoção do biogás seja frequentemente prejudicada pela sua capacidade de satisfazer os requisitos para cozinhar. Em vez de substituir inteiramente os combustíveis de biomassa pelo biogás, a adoção destas tecnologias limpas para cozinhar está frequentemente associada ao empilhamento contínuo de combustível. Os custos de instalação são um dos principais obstáculos a uma maior aceitação da tecnologia do biogás e, para aumentar a aceitação pública e a acessibilidade da tecnologia, os custos de construção devem ser reduzidos e os custos e benefícios diretos e indirectos das tecnologias do biogás devem ser quantificados e avaliados. As despesas das famílias podem ser reduzidas através do desenvolvimento de tecnologias de baixo custo ou da concessão de subsídios governamentais. Em países como a China, a Índia e o Nepal, os programas de biogás desenvolveram-se rapidamente devido ao apoio financeiro e técnico substancial fornecido pelo governo e por várias agências de ajuda (O'Neill e Sweetman, 2013).

As fontes financeiras para fornecer essa ajuda poderiam ser geradas através do desenvolvimento de digestores de biogás a nível nacional como projectos de mecanismo de desenvolvimento limpo (MDL). Países em desenvolvimento como o Nepal, onde o digestor de biogás per capita é o mais elevado do mundo, já desenvolveram projectos de biogás como projectos MDL, e as receitas geradas por esses projectos foram aplicadas para disseminar ainda mais a tecnologia do biogás no país. Os modelos financeiros que incorporam fluxos de receitas provenientes da produção de biogás, créditos de carbono e estratégias de opções de financiamento alternativas para a viabilidade financeira a longo prazo.

4. Discussão

Muitos digestores de biogás são instalações de demonstração individuais que são dadas aos utilizadores para a adoção e implementação da tecnologia. Aproximadamente 700 digestores domésticos construídos na África do Sul são usados para cozinhar em casa (Mukumba *et al.*, 2016), as áreas rurais em que os digestores estão instalados têm caraterísticas semelhantes às da área de estudo, e muitos desses digestores têm desafios, embora alguns desafios sejam específicos da área, mas os desafios gerais são bastante semelhantes nestas áreas rurais. Os desafios incluem a indisponibilidade de matéria-prima, desafios de água, mão de obra intensiva, desinteresse e exclusividade social. Essas demonstrações são iniciadas pelo governo para responder aos desafios das mudanças climáticas ou ao fornecimento de energia e buscam familiarizar as famílias com a tecnologia do biogás, em vez de incentivá-las a usar os biodigestores como um propulsor para o avanço socioeconômico (Mutungwazi *et al.*, 2018; Mikhail *et al.*, 2020). Essa é a razão pela qual, quando o programa chega ao fim, mesmo aqueles que foram treinados ficam relutantes em ajudar as famílias que foram beneficiadas. São poucos os agregados familiares que integraram a produção de biogás com outras actividades e os restantes apenas utilizam o biogás para cozinhar.

O apoio do governo não é acompanhado de apoio técnico para gerenciar adequadamente os biodigestores, como mostram os resultados. Para utilizar eficazmente o biodigestor, o utilizador deve ter alguma experiência sobre como beneficiar efetivamente dele (Surendra, *et al.*, 2014). Assim, o conhecimento é fundamental para a utilização e uso da tecnologia do biogás nas áreas rurais.

Com o conhecimento do funcionamento da tecnologia de biogás, os agregados familiares poderão utilizar os digestores no seu potencial máximo de forma eficaz. As zonas rurais do Limpopo enfrentam frequentemente pobreza energética, com acesso limitado a eletricidade fiável, pelo que a introdução e utilização do biogás pode aliviar o fardo das famílias. A tecnologia do biogás é valorizada entre os habitantes das aldeias do Limpopo e a sua adoção depende principalmente da disponibilidade de matéria-prima e de outros recursos disponíveis. É necessário formar os agregados familiares e os potenciais utilizadores sobre os benefícios da tecnologia do biogás e o seu impacto. O sucesso do biogás depende do conhecimento dos utilizadores, e a sua aceitação influenciará outros potenciais utilizadores a adoptarem a tecnologia.

A sensibilização das pessoas só por vezes leva à adoção da tecnologia. Devem ser-lhes dadas mais informações sobre a tecnologia para as inspirar a adoptá-la. Os contactos individuais, as discussões de grupo, as visitas de estudo, os audiovisuais e as demonstrações podem ser mais eficazes na fase de criação de interesse do que os meios de comunicação social. Depois de desenvolverem um interesse numa nova tecnologia, as pessoas tendem a avaliá-la à sua maneira. Algumas pessoas interessadas podem tomar a iniciativa de recolher mais informações, enquanto outras esperam. A maior parte da informação que os potenciais utilizadores procuram nesta fase pode ser limitada (Gebreegziabher, et al., 2014; Gwavuya, et al., 2014). Um dos papéis cruciais do extensionista nesta fase é encaminhar o potencial utilizador para uma empresa de biogás próxima ou para um utilizador. A produção de biogás oferece uma forma sustentável e amiga do ambiente de gerir os resíduos orgânicos, reduzir as emissões de gases com efeito de estufa e mitigar a degradação ambiental.

Ao considerar a implementação da tecnologia do biogás nas zonas rurais, é importante abordar potenciais barreiras, tais como lacunas de conhecimento, recursos e infra-estruturas limitados. Além disso, factores culturais e sociais, como crenças tradicionais e papéis de género, podem também desempenhar um papel na adoção e contribuir para os desafios. Além disso, é essencial considerar as potenciais limitações da tecnologia, incluindo a necessidade de materiais de entrada consistentes. Em resposta aos que defendem o investimento noutras tecnologias de energias renováveis, como a energia solar ou eólica, é importante ponderar o impacto potencial e a adequação às zonas rurais. A falta de pedreiros qualificados e experientes para a manutenção dos digestores dificulta a completa disseminação da produção de biogás.

Por exemplo, na Índia, a falta de treinamento e educação para as famílias foi revelada como uma barreira. De acordo com Muller e Yan (2018), os biodigestores requerem manutenção e reparos frequentes e, como tal, os operadores precisam estar familiarizados com as habilidades necessárias para poder operar. Ghafoor *et al.* (2012) afirmaram que a falta de conhecimento técnico durante a instalação e operação leva ao abandono, o que ficou evidente em países como Etiópia e Ruanda. Yasaar *et al.* (2013) afirmam ainda que é necessária uma manutenção adequada para que a tecnologia doméstica deixe de ser bem sucedida no prazo de um ano. Assim, uma gestão inadequada e a falta de conhecimentos técnicos conduzem ao fracasso dos programas de biogás. A tecnologia do biogás tem sido produzida em várias partes da província como uma solução de energia sustentável para a comunidade rural através de projectos de demonstração. Vários investigadores, incluindo Pollet *et al.* (2015), consideram que a tecnologia do biogás é fundamental para resolver a insegurança energética e os problemas ambientais na África do Sul.

Transferência de tecnologia Inovação

A investigação dos desafios e oportunidades no sector do biogás pode levar ao desenvolvimento de tecnologias inovadoras, processos de produção melhorados e plataformas de partilha de conhecimentos. Isto contribui para a transferência de tecnologia, o desenvolvimento de capacidades e a promoção de competências locais no domínio das energias renováveis. Tem havido um sucesso limitado na promoção do biogás nas zonas rurais do Limpopo (Surendra, et al., 2014). Os baixos níveis de educação, o facto de se viver em zonas rurais remotas e a falta de acesso aos meios de comunicação modernos agravaram o problema da divulgação de estratégias de promoção e programas de sensibilização entre as comunidades rurais locais (Yasar, et al., 2017). No entanto, o governo está a fazer pressão para levar o acesso ao sector das energias renováveis às zonas rurais. Os benefícios das energias renováveis estão a ser promovidos através das redes sociais e de outros meios de comunicação social. Se a produção de biogás for prática e sustentável, devem ser estabelecidos e mantidos todos os canais de comunicação que sensibilizem e divulguem conhecimentos (Sibisi & Green, 2005). Apesar do potencial da tecnologia do biogás para florescer na África do Sul, é necessária uma maior promoção através dos meios de comunicação impressos e electrónicos (Mwirigi et al., 2014). Os potenciais beneficiários não devem estar cientes dos benefícios da adoção e utilização do biogás (Surendra, et al. 2014). Os decisores políticos, as autoridades locais e as instituições financeiras necessitam de informação mais fiável e suficiente sobre os potenciais benefícios que podem advir da produção de biogás. A produção de biogás depende de materiais orgânicos, apresentando oportunidades para os agricultores gerarem rendimentos a partir de resíduos. A análise dos potenciais benefícios económicos, da criação de emprego e do desenvolvimento rural associados aos projectos de biogás pode ter implicações científicas e políticas significativas.

6. Conclusão

A tecnologia do biogás ainda enfrenta muitos desafios em termos de implementação na área de estudo. O estudo revelou que o custo inicial é demasiado elevado para as famílias rurais. Há desafios com o facto de os agregados familiares não serem capazes de manter os digestores e a escassez de estrume de vaca, o que também constitui um obstáculo à adoção da tecnologia do biogás. No entanto, o estudo revelou que há três agregados familiares que estão a usufruir dos benefícios da tecnologia do biogás. Assim, a sua dependência da lenha reduziu-se significativamente. A sua utilização não só satisfaz as necessidades energéticas, como também trata do saneamento. Alguns dos agregados familiares tomaram a iniciativa de utilizar o chorume biológico para as suas hortas domésticas e existem muitas oportunidades de negócio potenciais a desbloquear com a tecnologia do biogás. O estudo pode ser reproduzido em zonas rurais com as mesmas condições que a área de estudo. Por conseguinte, o biogás estudado responde às necessidades das comunidades rurais, especialmente quando integrado na agricultura.

7. Recomendações

Compreender as percepções da comunidade, a participação e os factores socioculturais que influenciam a adoção do biogás é crucial para uma implementação bem sucedida. A análise das lacunas políticas, dos obstáculos regulamentares e dos incentivos relacionados com a implantação do biogás nas zonas rurais pode servir de base a recomendações políticas. A investigação futura deve investigar modelos de financiamento para a utilização sustentável do biogás. A investigação poderia também explorar modelos inovadores de reforço das capacidades e mecanismos de apoio ao empreendedorismo adaptados ao contexto específico das zonas rurais da África do Sul. A avaliação contínua e a aprendizagem com as melhores práticas melhorarão a eficácia e a escalabilidade das iniciativas de biogás na promoção do desenvolvimento sustentável.

6. Conflito de interesses

Não existem conflitos de interesses.

7. Agradecimentos

Esta investigação foi financiada pela Bolsa de Pós-Graduação da Fundação Nacional de Investigação (FNR).

8. Declaração de ética

Foram seguidas as considerações éticas e foi obtido o consentimento verbal. Comité de Ética da Univen N.º de AUTORIZAÇÃO ÉTICA: FSEA/23/IRD/06, Universidade de Venda.

Declaração

Durante a preparação deste trabalho, o(s) autor(es) utilizou(aram) a ferramenta Grammarly para melhorar a legibilidade e a fluidez. Após a utilização desta ferramenta/serviço, o(s) autor(es) reviu(aram) e editou(aram) o conteúdo conforme necessário e assume(aram) total responsabilidade pelo conteúdo da publicação.

9. Referências

1. Aliyu AK, Modu B & Tan CW, (2017). Uma análise do desenvolvimento das energias renováveis em África: A focus in South Africa, Egypt and Nigeria. Revisões de Energia Renovável e Sustentável, 81 (2): 2502- 2518.
2. Cheng, S Zhao,. M. H.-P. Mang, X. Zhou, Z. Li, (2017) Desenvolvimento e aplicação do projeto de biogás para o tratamento de esgotos domésticos na China rural: oportunidades e desafios, *J. Water, Sanit. Hyg. Dev. 7 576-588,* https://doi.org/ 10.2166/washdev.2017.011.
3. Rasul G & Sharma B, (2016). A abordagem de nexo para a segurança hídrica, energética e alimentar: Uma opção para a adaptação às alterações climáticas. Política Climática, 16 (6): 682702.
4. Smith MT, Goebel JS & Blignaut JN, (2014). Viabilidade financeira e económica dos biodigestores domésticos rurais para as comunidades pobres da África do Sul. Gestão de resíduos, 34 (2): 352-362.
5. Garfí, M. Martí-Herrero, J. A. Garwood, I. Ferrer, (2016) Household anaerobic digesters for biogas production in Latin America: a review, *Renew. Sustain. Energy Rev. 60 599-614,* https://doi.Org/10.1016/j.rser.2016.01.071.
6. Ghimire, Prakash C. (2013), SNV apoiou programas domésticos de biogás na Ásia e em África, Renewable Energy, 49, 90-94, https://doi.org/10.1016Zj.renene.2012.01.058
7. Arthur R, Baidoo MF & Antwi E, (2011). O biogás como potencial fonte de energia renovável: A Ghanaian case study. Renewable Energy, 36 (5): 1510-1516.
8. Lohani SP, Dhungana B, Horn H, Khatiwada D (2021) Biogás em pequena escala tecnologia e combustível de cozinha limpo: avaliação do potencial e ligações com os ODS em países de baixo rendimento - um estudo de caso do Nepal. *Sustain Energy Technol Assess 46:101-301.* https://doi.Org/10.1016/j.seta.2021.101301
9. Msibi SS & Gerrit K, (2017). Potencial do biogás doméstico como fonte de energia doméstica na África do Sul. Jornal de Energia da África Austral, 28 (2): 1-13.
10. Laramee Jeannette, Jennifer Davis, (2013), Impactos económicos e ambientais dos biodigestores domésticos: Evidências de Arusha, Tanzânia,

Energia para o Desenvolvimento Sustentável, 17, 3, Páginas 296-304, https://doi.Org/10.1016/j.esd.2013.02.001.
11. Moreda Iván López, (2016) The potential of biogas production in Uruguay, Renewable and Sustainable Energy Reviews, 54, 1580-1591, https://doi.Org/10.1016/j.rser.2015.10.099.
12. Ho, K.-L., Lin, W.-C., Chung, Y.-C., Chen, Y.-P., e Tseng, C.-P. (2013). Eliminação de sulfeto de hidrogénio de alta concentração e purificação de biogás por processo químico-biológico. *Chemosphere* 92, 1396-1401. doi: 10.1016/j.chemosphere.2013.05.054
13. Meijer SS, Catacutan D, Ajayi OC, Sileshi GW & Nieuwenhuis M, (2015). O papel do conhecimento, atitudes e percepções na aceitação de inovações agrícolas e agroflorestais entre pequenos agricultores na África Subsaariana. Revista Internacional de Sustentabilidade Agrícola, 13(1): 40-54.
14. Muradin M, Foltynowicz Z. (2014) Potential for Producing Biogas from Agricultural Waste in Rural Digesters in Poland (Potencial de produção de biogás a partir de resíduos agrícolas em digestores rurais na Polónia). *Sustainability*. 6(8):5065-5074. https://doi.org/10.3390/su6085065
15. Moli, D.R.R., Hafeez, A.S.M.G., Majumder, S., Mitra, S., Hasan, M., (2021). A adoção da tecnologia de biogás melhora os meios de subsistência e o nível de renda da população rural? Int. J. Green Energy 18 (10), 1081-1090. http://dx.doi.org/10.1080/ 15435075.2021.1891907.
16. Ocwieja SM (2010). Avaliação do Pensamento do Ciclo de Vida Aplicada a Três Projectos de Biogás no Centro do Uganda. Uma tese de projeto de mestrado apresentada ao Departamento de Engenharia Ambiental da Universidade Tecnológica de Michigan.
17. Rasul G & Sharma B, (2016). A abordagem do nexo água-energia-segurança alimentar: uma opção para a adaptação às alterações climáticas. Política Climática, 16 (6): 682702.
18. Raha Debadayita, Pinakeswar Mahanta, Michèle L. Clarke, (2014), The implementation of decentralised biogas digesters in Assam, NE India: The impact and effectiveness of the National Biogas and Manure Management Programme, Energy Policy, Volume 68, Pages 80-91, https://doi.org/10.1016Zj.enpol.2013.12.048.
19. Sovacool BK, Dhakal S, Gippner O, Bambawale MJ (2011) Halting hydro: a review of the socio-technical barriers to hydroelectric power digesters in Nepal. Energia 36:3468-3476. doi:10.1016/j.energy.2011.03.051
20. Meyer, E.L., Overen, O.K., Obileke, K., Botha, J.J., Anderson, J.J., Koatla, T.A.B., Thubela, T., Khamkham, T.I., Ngqeleni, V.D., (2021). Viabilidade financeira e económica dos biodigestores para a gestão da procura residencial

rural e o desenvolvimento sustentável. Energy Rep 7, 1728-1741. http://dx.doi.org/ 10.1016/j .egyr.2021.03.013.
21. Mottaleb, K.A., Rahut, D.B., (2019). Adoção do biogás e elucidação dos seus impactos na Índia: Implications for policy. Biomass Bioenergy 123, 166-174. http: //dx.doi.org/10.1016/j.biombioe.2019.01.049.
22. Cong Rong-Gang, Dario Caro, Marianne Thomsen, (2017), Is it beneficial to use biogas in the Danish transport sector? - Uma análise ambiental-económica, Journal of Cleaner Production, 165, 1025-1035, https://doi.org/10.1016/j.jclepro.2017.07.183.
23. Cassendra Phun Chien Bong, Li Yee Lim, Chew Tin Lee, Jiri Jaromir Klemes, Chin Siong Ho, Wai Shin Ho, (2018), A caraterização e o tratamento de resíduos alimentares para melhorar a produção de biogás durante a digestão anaeróbia - Uma revisão, Journal of Cleaner Production, 172, 1545-1558, https://doi.org/10.1016Zj.jclepro.2017.10.199.
24. Gwavuya SG, Abele S, Barfuss L, Zeller M, Müller J, (2012) Household energy economics in rural Ethiopia: A cost-benefit analysis of biogas energy, *Renewable Energy* 48 202-209.
25. Wargert D, (2009). Biogás em zonas rurais em desenvolvimento. Universidade de Lund, Lorenzo Di Lucia.
26. Shane A, Gheewala SH, Kasali G (2015) Potencial, barreiras e perspectivas da produção de biogás na Zâmbia. *J Sustain Energy Environ 6:21-26*
27. Ammenberg Jonas, Stefan Anderberg, Tomas Lönnqvist, Stefan Grönkvist, Thomas Sandberg, (2018), Biogas in the transport sector-ator and policy analysis focusing on the demand side in the Stockholm region, Resources, Conservation e Recycling, 129, 70-80, https://doi.org/10.1016Zj.resconrec.2017.10.010.
28. Mittal S, Ahlgren EO, Shukla PR (2018) Barreiras à disseminação do biogás na Índia: a review. *Política Energética 112:361-370.* https://doi.org/10.1016/j.enpol.2017.10.027
29. Rupf, Gloria V. Parisa A. Bahri, Karne de Boer, Mark P. McHenry, (2015), Barriers and opportunities of biogas dissemination in Sub-Saharan Africa and lessons learned from Rwanda, Tanzania, China, India, and Nepal, Renewable and Sustainable Energy Reviews, Volume 52, 468-476, https://doi.Org/10.1016/j.rser.2015.07.107
30. Surendra KC, Takara D, Hashimoto AG, Khanal SK, (2014) Biogás como uma fonte de energia sustentável para os países em desenvolvimento: Opportunities and challenges, *Renewable and Sustainable Energy Reviews* 3 846-859.
31. Yasmin, N., Grundmann, P., (2020). Home-cooked energy transitions:

women empowerment and biogas-based cooking technology in Pakistan [Transições energéticas caseiras: empoderamento das mulheres e tecnologia de cozinha à base de biogás no Paquistão]. Energy Policy 137, 111074. http://dx.doi.org/10.1016/j.enpol.2019.111074.

32. Surendra, K.C. Takara, D. Hashimoto, A.G. Khanal S.K., (2014) O biogás como fonte de energia sustentável para os países em desenvolvimento: oportunidades e desafios, *Renew. Sustain. Energy Rev. 31 846-859,* https://doi.org/10.1016Zj. rser.2013.12.015.

33. Yasar, A., Nazir, S., Tabinda, A.B., Nazar, M., Rasheed, R., Afzaal, M., (2017). Benefícios socioeconómicos, para a saúde e para a agricultura dos digestores de biogás domésticos rurais em países em desenvolvimento com escassez de energia: Um estudo de caso do Paquistão. Renew. Energy 108, 19-25. http://dx.doi.org/10.1016zj.renene.2017.02.044.

34. Smith JU, (2013) The Potential of Small-Scale Biogas Digesters to Alleviate Poverty and Improve Long Term Sustainability of Ecosystem Services in SubSaharan Africa Universidade de Aberdeen, Reino Unido.

35. Subaru MY, Mustafa MW, Bashir N, Muhamad MN, Mokhtar AS, (2013) Power sector renewable energy integration for expanding access to electricity in sub-Saharan Africa, *Renewable and Sustainable Energy Reviews* 25 630-642.

36. Mwirigi J, Balana B, Mugisha J, Walekhwa P, Melamu R, Nakami S, Makenzi P, (2014) Socio-economic hurdles to widespread adoption of smallscale biogas digesters in Sub-Saharan Africa: A review, *Biomass and Bioenergy* 70 10-25.

37. Mwirigi JW, Makenzi PM, Ochola WO, (2009) Socio-economic constraints to adoption and sustainability of biogas technology by farmers in Nakuru Districts, Kenya, *Energy for Sustainable Development* 13 106-115.

38. Gebreegziabher Z, Naik L, Melamu R, Balana BB, (2014) Perspectivas e desafios para a aplicação urbana de instalações de biogás na África Subsariana, *Biomassa e bioenergia* 70 130-140.

39. CSO, (2012) *Living Conditions Monitoring Survey Report 2006 and 2010* Central Statistics Office, Lusaka.

40. Sibisi NT & Green JM, (2005). Um digestor de biogás de cúpula flutuante: percepções da energização da escola rural em Maphetheni KwaZulu-Natal. Journal of Energy in Southern Africa, 16 (5): 45-52.

CAPÍTULO 2

INICIATIVA DE VALORIZAÇÃO ENERGÉTICA DE RESÍDUOS INTEGRADA NA AGRICULTURA COM REFORÇO DAS CAPACIDADES DOS JOVENS NAS ZONAS RURAIS DO LIMPOPO PROVÍNCIA

Thilivhali Rasimphi*, Beata Kilonzo[1], David Tinarwo[2], Pertina Nyamukondiwa[1],

[1] *Instituto de Desenvolvimento Rural, Universidade de Venda, Thohoyandou, África do Sul*

África do Sul; [2] *Departamento de Física, Faculdade de Ciências, Engenharia e Agricultura; Universidade de Venda, Private Bag X5050, Thohoyandou, 0950. África do Sul.*

Autor correspondente: e-mail: eugenethilivhali@yahoo.com* ;11583291@mvula.univen.ac.za * (0792550203)

Resumo
A tecnologia do biogás é uma solução energética sustentável promissora para a melhoria dos meios de subsistência, particularmente nas zonas rurais da província do Limpopo, na África do Sul. O estudo investiga os impactos socioeconómicos da tecnologia do biogás nos agregados familiares. A área focada inclui a geração de rendimentos, a criação de emprego, o acesso à energia e a sustentabilidade ambiental. O estudo utilizou a conceção de investigação de inquérito através de um inquérito transversal. Os métodos de recolha de dados incluíram entrevistas e estudos de caso em áreas rurais selecionadas do Limpopo. Isto enfatiza a compreensão, as experiências e as percepções dos utilizadores da tecnologia do biogás. Os resultados revelam que a tecnologia do biogás afecta positivamente os meios de subsistência, incluindo a melhoria das instalações de cozinha e a redução das despesas de energia. A produção de biogás também oferece oportunidades de geração de renda usando o bio chorume e a criação de empregos na construção, operação e manutenção de biodigestores. O estudo mostra que o envolvimento da comunidade é essencial para a gestão sustentável do biogás e para a adoção e gestão sustentável da tecnologia do biogás nas zonas rurais. A pesquisa contribui para a literatura existente sobre tecnologia de biogás e desenvolvimento rural.
Palavras-chave: **Tecnologia do biogás, utilização, contribuição, meios de subsistência, energia limpa**

1. Introdução

A tecnologia do biogás baseia-se na interação natural entre microrganismos e resíduos orgânicos - como estrume, esgotos, subprodutos agrícolas e alimentos descartados - para produzir um gás queimável limpo e energeticamente eficiente. A utilização de um sistema agrícola baseado no biogás pode beneficiar os agricultores locais, melhorando os seus níveis de rendimento e facilitando a produção a baixo custo. Os materiais orgânicos podem ser utilizados como matéria-prima para a digestão, resolvendo assim os problemas de gestão de resíduos. Nos últimos anos, as economias verdes ganharam atenção global no contexto dos debates sobre desenvolvimento sustentável (Kaggwa & Togo, 2013). De acordo com o Programa das Nações Unidas para o Ambiente, PNUA (2011), uma economia verde promove o desenvolvimento sustentável e a erradicação da pobreza. No entanto, os meios não sustentáveis de fornecimento de energia ameaçam a mesma humanidade que ela serve (Assabumrungrat *et al.*, 2010). Com a crescente preocupação com os problemas ambientais, muitos países são forçados a desenvolver fontes de energia renováveis que emitam menos gases com efeito de estufa (GEE).

Nas comunidades rurais, as energias renováveis desempenham um papel vital no fornecimento de energia (Ali *et al.,* 2020). Muitos fatores afetam isso, incluindo fatores sociais, culturais, económicos e técnicos (Bekchanov *et al.*, 2019). As nações desenvolvidas e em desenvolvimento podem beneficiar do biogás como fonte de energia renovável. Na África do Sul, a tecnologia do biogás contribui para a criação de emprego, opções de gestão de resíduos e segurança alimentar (Raha *et al.*, 2014). Como resultado do elevado custo da energia térmica, as famílias gastam dinheiro para satisfazer as suas necessidades (Amigun *et al.*, 2008). As comunidades rurais devem adotar a tecnologia do biogás para que o seu estatuto económico local possa ser efetivamente impulsionado. Com a instalação de biodigestores, os níveis de pobreza podem ser efetivamente reduzidos, criando novas oportunidades de negócios (Amare, 2014). Por ser uma tecnologia polivalente, o biogás pode atender simultaneamente a preocupações econômicas, sanitárias, sociais e ambientais (Negusie, 2010). Por conseguinte, o desenvolvimento e a divulgação da tecnologia minimizam a pobreza energética e melhoram o estatuto das pessoas na escala energética. Para superar os efeitos adversos e melhorar a situação de subsistência das pessoas em situação de pobreza, é necessária uma transição para formas de energia mais limpas e mais eficientes. Compreender as escolhas e as mudanças de combustível dos agregados familiares é vital para a procura de políticas que apoiem o processo de transição.

A nível mundial, 1,4 mil milhões de pessoas ainda não têm acesso à eletricidade e quase 85% vivem em zonas rurais. De acordo com Birol (2011), 2,7 mil milhões de pessoas utilizam madeira, carvão vegetal, carvão e estrume para cozinhar e aquecer. Anualmente, morrem pessoas devido a doenças relacionadas com os vapores e o fumo de fogos de cozinha abertos. Este fenómeno sombrio torna imperativo considerar a adoção acelerada de opções de energia limpa e renovável, especialmente nas zonas rurais. Nas comunidades rurais de toda a província do Limpopo, na África do Sul, a utilização de digestores domésticos pode aliviar o fardo da recolha de biomassa tradicional e da compra de querosene para cozinhar e aquecer. Os ensinamentos retirados das experiências com o biogás em África sugerem que a existência de uma fase inicial de introdução realista e modesta para a intervenção com o biogás, a consideração dos factores de conveniência em termos de operação e funcionalidade da instalação, a identificação da dimensão ideal da instalação e do nível de subsídio e a previsão de adaptação do projeto são factores críticos para o êxito da implementação do biogás em África. A significativa componente sul-africana dos biodigestores apresenta o potencial de retorno de capital financeiro para a economia local, induzindo assim o crescimento das economias locais. A fabricação de componentes locais e a prestação de serviços têm o potencial de criar empregos para as populações locais, especialmente para as mulheres.

Além disso, esses sistemas de energia reduzem a necessidade de as crianças recolherem lenha e estrume, criando assim tempo para estudar e realizar outras actividades (Musyoki & Tinarwo, 2015). O acesso a energia limpa e a preços acessíveis é essencial para o desenvolvimento social e económico (Vijay *et al.*, 2015). A ênfase no reforço das instituições e no diálogo político reforçado é necessária para criar as condições sociais, económicas e

condições politicamente favoráveis para uma transição para um futuro mais sustentável (GIZ, 2016). Um inquérito às partes interessadas realizado por Nhamo (2013) mostra um compromisso governamental de alto nível com a economia verde, conforme ilustrado em várias políticas, discursos e declarações. O desafio, no entanto, será a implementação destas boas intenções, especialmente em trazer a situação dos pobres e as questões de desigualdade para o planeamento e implementação do processo de transição da economia verde. Kaggwa e Togo (2013) recomendam que, em África, é necessário implementar uma economia verde através de actividades que complementem a disponibilidade de recursos e as capacidades existentes (DEA, 2011). Por conseguinte, os empregos verdes específicos promoveriam as energias renováveis, a utilização e a gestão eficientes da energia, a conceção de edifícios ecológicos, a gestão dos resíduos, incluindo a reciclagem da água, sistemas de transporte limpos e práticas agrícolas ecológicas.

O biogás doméstico a partir de resíduos orgânicos pode criar energia verde (Karlsson *et al.*, 2017), desenvolver a economia circular nas zonas rurais (Boulamanti *et al.*, 2013), melhorar a qualidade de vida nas zonas rurais através da redução do trabalho árduo de mulheres e crianças, da redução do fumo no interior das habitações e da melhoria do saneamento (Amigun & Blottnitz, 2011; Karlsson *et al.*, 2018). A maioria das centrais de biogás é fortemente subsidiada ou totalmente financiada por doadores. Após um ou dois anos, a maioria desses biodigestores fica fora de operação devido à falta de suporte técnico, treinamento de usuários em manutenção e operação e um modelo financeiro viável, e essas são as barreiras identificadas para a penetração no mercado (Sovacool *et al.*, 2015; Schaltegger *et al.*, 2017). Este desafio no contexto das zonas rurais sul-africanas tem contribuído para um grau muito elevado de insucesso dos digestores. Uma forma de resolver esta situação é reorganizar a atividade, inovando o modelo de negócio no sentido da sustentabilidade.
A melhoria dos desafios de saneamento e a procura de fontes de energia alternativas têm sido as principais motivações para a construção de digestores de biogás (Osei- Marfo *et al.*, 2018). Por outro lado, os digestores de biogás construídos para melhorar o saneamento estão a funcionar bem (Hanekamp & Ahiekpor, 2015). Hanekamp & Ahiekpor (2015) indicaram que a tecnologia do biogás é viável nas zonas rurais devido aos projectos que são adequados para as zonas rurais indicaram que a tecnologia do biogás é tecnicamente viável nas zonas rurais. É imperativo notar que a chave para assegurar a sustentabilidade de uma unidade de biogás depende em grande medida do compromisso financeiro dos utilizadores no sentido de efectuarem a manutenção periódica do sistema durante toda a vida útil da unidade. Osei-Marfo *et al.* (2018) descobriram que a maioria dos digestores são isolados pelas condições climatéricas e, quando as condições não são favoráveis, inibem a produção de gás.
Cozinhar é uma das aplicações mais intensivas em energia. As preocupações causadas pela dependência da biomassa tradicional para cozinhar são agora bem conhecidas (Bensah & Brew-Hammond, 2010). O fumo emitido contém poluentes nocivos, incluindo partículas (OMS, 2002; Osei-Marfo *et al.* (2018). A queima de lenha causa poluição do ar interior. Por exemplo, os níveis típicos de material particulado, ou seja, PM10, em residências rurais variam de 300 a 3000 microgramas por metro cúbico (OMS, 2002; Ahiataku-Togobo & Owusu-Obeng, 2016), e estes causam uma grave ameaça aos seus utilizadores. A Organização Mundial de Saúde relatou que quase 40% das infecções respiratórias agudas e cerca de 20% das doenças pulmonares obstrutivas crónicas são causadas pela poluição do ar interior proveniente da queima de lenha (Arcenas *et al.*, 2010). A utilização de lenha não é muitas vezes

controlada, o que leva à desflorestação, e os utilizadores sofrem de poluição do ar em recintos fechados.
O biogás fornece energia limpa e eficiente, reduz a prevalência de doenças crónicas associadas à utilização tradicional da biomassa e a sua produção cria emprego (OMS, 2022). Apesar dos riscos para a saúde, 2,5 mil milhões de pessoas em todo o mundo utilizam a biomassa tradicional (Brew-Hammond, 2010). Com o vasto potencial e a abundância de matéria-prima, a produção de biogás pode resolver os problemas energéticos e ambientais na África Subsariana. Nos últimos anos, os conceitos de pobreza mudaram para incluir múltiplas dimensões de carência e bem-estar. A pobreza abrange o baixo rendimento e o baixo consumo e a baixa realização em termos de educação, bem-estar, alimentação e outras áreas do desenvolvimento humano. Os benefícios da tecnologia do biogás podem ser articulados em termos de indicadores de pobreza. Se uma mulher passa menos tempo a recolher lenha e mais tempo a gerar rendimentos valiosos, isto aumenta o rendimento do indicador de pobreza. A mudança para combustíveis mais limpos diminui as ameaças à saúde, aumentando o indicador de pobreza saúde e esperança de vida. Passar menos tempo a recolher lenha pode permitir que se dedique mais tempo à educação das crianças, aumentando o indicador de pobreza educação.

1.1 Declaração do problema

A tecnologia do biogás traz o tão necessário desenvolvimento rural, especialmente no que respeita à gestão dos resíduos domésticos e às necessidades energéticas (Araya, 2012). A energia e o desenvolvimento humano andam de mãos dadas porque a energia é essencial para promover as actividades sociais e económicas. Assim, a falta de fontes de energia disponíveis promove muitas facetas do desenvolvimento sustentável, como a redução da pobreza, a promoção das mulheres, a proteção do ambiente e a criação de emprego (Omer, 2011; Amare, 2014). Para mencionar alguns exemplos, os trabalhos de investigação incluem a viabilidade económica de um digestor de biogás (Smith *et al.*, 2012), o estudo de viabilidade do biogás doméstico nacional (Eshete *et al.*, 2006), o estado operacional das instalações de biogás (Negusie 2010; Yilma, 2011), o bio chorume é um fertilizante em construção (Eshete, 2011), os impactos ambientais da substituição da combustão de estrume por um sistema de biogás (Lansche *et al*, 2011), biogás-biolixo como um pacote para reduzir a disparidade de género (Araya, 2012), uma análise custo-benefício das instalações de biogás (Gwavuya *et al.*, 2012) e o papel da produção e utilização de biogás na redução das emissões de GEE.

1.2 Questões de investigação.

O presente documento analisa o impacto da tecnologia do biogás nos meios de subsistência das famílias rurais, através dos seguintes objectivos

- Quais são os custos e os benefícios da utilização da tecnologia do biogás?
- Qual é o potencial da tecnologia do biogás para aliviar a pobreza nas zonas rurais?
- Que benefícios podem os beneficiários obter com a utilização da tecnologia do biogás?

2. Materiais e métodos

Neste estudo, o objeto de investigação são os utilizadores de biogás e, mais exclusivamente, aqueles que já possuem digestores de biogás.

2.1 Paradigma de investigação

O estudo utilizou o modelo de investigação de inquérito através de um inquérito transversal.

2.2 Conceção da investigação

O estudo utiliza uma conceção de inquérito transversal.

2.3 População do estudo

Vinte e um (21) inquiridos nos municípios locais de Polokwane, Blouberg e Makhado nos distritos de Capricórnio e Vhembe do Limpopo (Figura 1) foram selecionados através de um estudo de caso. Dos inquiridos selecionados, dezanove (19) eram agregados familiares e dois eram instituições (Creche e Escola). Apenas os inquiridos que participaram nos projectos de biogás implementados pelo Município do Distrito de Capricórnio (CDM), pelas Organizações de Desenvolvimento Industrial das Nações Unidas (UNIDO) e pelo Instituto Nacional de Desenvolvimento Energético da África do Sul (SANEDI) foram selecionados propositadamente para o estudo. Antes da recolha de dados propriamente dita, foram identificados os beneficiários do projeto de tecnologia de biogás em cada aldeia. Dos agregados familiares identificados, apenas dez foram selecionados aleatoriamente por aldeia. Creswell e Tashakkori (2007) afirmam que dez inquiridos constituem um tamanho de amostra suficientemente grande para um estudo fenomenológico em estudos qualitativos. Em contrapartida, Morse (1995) sugere que seis inquiridos são suficientes para atingir a saturação dos dados num estudo fenomenológico. Além disso, Bernard (2011) defende que a norma ideal para a dimensão da amostra qualitativa é "entrevistar até à redundância" ou entrevistar até à saturação. Dada a necessidade de mais consenso sobre a dimensão adequada da amostra em estudos exploratórios, este estudo visou 21 inquiridos.

2.4 Recolha de dados

Foram realizadas entrevistas pessoais aprofundadas para obter as opiniões individuais dos inquiridos sobre a utilização da tecnologia do biogás e os benefícios percebidos. Os dados transcritos foram exportados para o Atlast ti.

Foram analisados utilizando a Análise de Rede Temática (TNA) no Atlas ti versão 8.

2.5 Análise de dados

Os dados foram analisados através de codificação aberta, código por lista e in vivo - a relação e o padrão lógico que explicam as vantagens e desvantagens percebidas da utilização da tecnologia do biogás. Ao mesmo tempo, a análise de regressão múltipla explorou os factores de previsão da utilização bem sucedida da tecnologia do biogás.

2.6 Considerações éticas

As considerações éticas foram devidamente seguidas. N.º de Ética: N.º de CLEARENÇA ÉTICA: FSEA/23/IRD/06, Universidade da Venda.

3. Apresentação dos resultados

3.1 Informações demográficas

A informação demográfica dos inquiridos indica que cerca de 57,14% dos inquiridos são do sexo feminino e 42,86% do sexo masculino, como mostra a Tabela 1. Este facto sublinha a importância das mulheres na tomada de decisões sobre serviços relacionados com a energia. O grupo etário inclui os jovens, o que é essencial para o seu envolvimento em projectos energéticos.

Quadro 1 Informações demográficas do inquirido

		Frequência	**Percentagem**
Género	Feminino	12	57.14%
	Masculino	9	42.86%
Grupo etário			
	30 - 35 anos	8	38.10%
	51 anos ou mais	5	23.81%
	35 - 40 anos	5	23.81%
	25 - 29 anos	2	9.52%
	19-24 anos	1	4.76%

3.2 Benefícios percebidos da tecnologia do biogás

Quadro 2 Respostas sobre os principais benefícios obtidos pelos utilizadores de biogás.

Variável	**Coeficiente**	**Erro Std**	**valor t**	**Valor P**	**[0.025**	**0.975]**
const	2.0713	0.4176	4.96	0.0	1.2476	2.8949
Respondente	0.0102	0.171	0.0598	0.9523	-0.327	0.3475
Município local	-0.2097	0.0664	-3.1575	0.0018	-0.3407	-0.0787
Município do distrito	-0.0409	0.0774	-0.5285	0.5977	-0.1936	0.1118

Aldeia	0.1172	0.0344	3.4087	0.0008	0.0494	0.1851
Género	-0.1231	0.1931	-0.6374	0.5246	-0.504	0.2578
Idade	0.2635	0.0764	3.4472	0.0007	0.1127	0.4143

A análise examinou a perceção dos benefícios da instalação da tecnologia do biogás. O termo constante, que reflecte as percepções de base, foi significativo em 2,0713 (p-valor = 0,0), indicando um reconhecimento generalizado do seu valor. O "género" apresentou um valor de p = 0,5246, indicando que as mulheres percebem mais benefícios do que os seus homólogos masculinos porque as mulheres estão mais envolvidas na cozinha. Os municípios que fornecem monitorização contínua encorajam os agregados familiares com digestores a utilizar o biogás como fonte primária de energia para cozinhar.

Além disso, os resultados da área de estudo indicam que a utilização da tecnologia do biogás poupa dinheiro aos utilizadores, como mostra a Figura 2 abaixo. A tecnologia do biogás também é vista como uma poupança de tempo e uma potencial redução da carga de trabalho das mulheres.

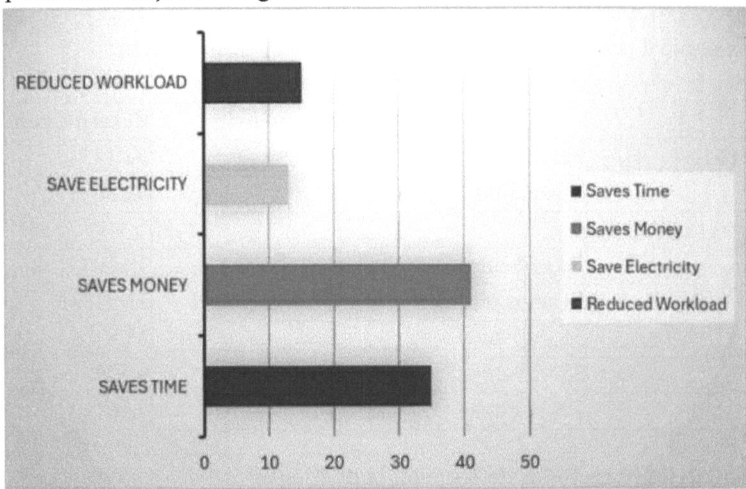

Figura 2 Benefícios do biogás para os agregados familiares

Os resultados do inquérito indicam ainda que os agregados familiares que utilizam a tecnologia do biogás utilizam energia limpa para cozinhar e podem utilizá-la mesmo durante as fases de corte de carga nas zonas rurais, como mostra a Figura 3 abaixo. Na área de estudo, os inquiridos indicaram que a tecnologia do biogás reduz a sua dependência da lenha.

Cerca de 32% dos inquiridos indicaram que o biogás é energia gratuita para cozinhar e que só precisam de alimentar o digestor para poderem cozinhar.

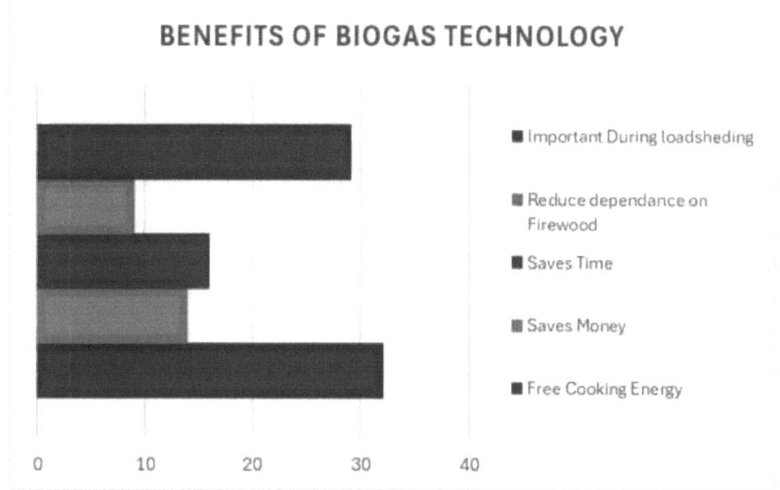

Figura 3 Benefícios da tecnologia do biogás na área de estudo.

A análise gerou ainda temas sobre os benefícios da tecnologia do biogás tais como a capacitação económica, a poupança de custos, a geração de rendimentos, a sustentabilidade ambiental, a redução da carga de trabalho e o desenvolvimento de competências. A implementação da tecnologia do biogás na área de estudo registou uma mudança maciça da dependência da biomassa tradicional para o biogás. Esses benefícios ajudaram a diminuir a carga de trabalho das mulheres que recolhem lenha.

3.3 Empoderamento económico

O tempo poupado pela utilização do biogás em vez dos combustíveis tradicionais para cozinhar incluiu a redução do tempo de recolha de lenha e a redução do tempo gasto em práticas tradicionais de cozinha. O tempo de recolha de lenha foi reduzido, uma vez que a lenha para cozinhar foi substituída pela utilização do biogás. O tempo de atividade relacionado com a cozinha diminuiu, uma vez que os indivíduos não precisaram de preparar e manter os fogos de cozinha, esperar enquanto os alimentos eram cozinhados, ou passar mais tempo a limpar os utensílios utilizados quando se cozinhava com fogos de combustível sólido.

a) Redução do volume de trabalho

A utilização do biodigestor a nível doméstico exige que os utilizadores despendam tempo a alimentar o sistema. No entanto, também reduz consideravelmente a necessidade de coleta de madeira pelos beneficiários e economiza tempo nas práticas tradicionais de cocção com combustíveis sólidos. Partindo do pressuposto de que um biodigestor pode resultar em economia líquida de tempo, é necessário atribuir o valor desse tempo como um benefício económico. Embora haja muito debate e diferentes métodos de mensuração do valor não mercantil do tempo (Tabela 3), o custo de oportunidade é o meio mais utilizado para valorar o tempo.

Quadro 3 Taxa do salário mínimo do trabalho na África do Sul

Setor do emprego	Salário mínimo (ZAR)
Engenharia civil	R20.41
Contrato de limpeza	R11.27
Trabalhador doméstico	R6.44
Trabalhador agrícola	R7.04
Silvicultura	R6.55
Hospitalidade	R10.20
Serviços de táxi	R9.69
Média	R10.31

(Fonte: labour Research services, 2011, Ministério do Trabalho 2011)

Utilizando os métodos do Banco Mundial (1996) descritos no Quadro 4, o tempo é avaliado como uma proporção ponderada da taxa de salário mínimo, dependendo da utilização desse tempo. A taxa do salário mínimo é considerada como ZAR 10,3.

Quadro 4 Valor ponderado do tempo, por atividade

Agrupamento de actividades	Ponderado (em percentagem do salário mínimo médio)	Símbolo	Valor ZAR
Atividade económica produtiva	100	Nós	10.31
Atividade do agregado familiar	50	Por	5.16
Outra atividade	25	Wo	2.58

O questionário pedia aos entrevistados que dissessem quais atividades fariam se pudessem economizar tempo usando biodigestores. Indique o uso do tempo no caso de ter mais tempo livre por causa do uso de um sistema de biodigestor, como mostra a Tabela 5.

Quadro 5 Actividades realizadas graças ao tempo poupado.

Opção	Percentagem do agregado familiar	Agrupamento de actividades
Encontrar emprego	6.06%	Atividade económica produtiva
Trabalho em casa ou no	92.93%	Atividade do agregado

jardim		familiar
Nada	1.01%	Outra atividade

Usando os métodos do Banco Mundial (1996), conforme descrito na Tabela, o tempo é avaliado como uma proporção ponderada da taxa de salário mínimo, que é considerada como ZAR 10,31 **(Adoptada. Smith M.T., *et al.* The financial and economic feasibility of rural household biodigesters for poor communities in South Africa. Waste Management (2013).**

$V_t = e(() \times W))+(h + W_h)+(O + W_o)$

$V_t =$ **(0,0606 x 10,31) + (0,923 x 5,16) + (0,0101 x 2,58)**

$V_t =$ **5,44 ZAR**

Onde:

vt -é o valor económico do tempo (ZAR/hora)

e - é a percentagem de pessoas que procuram participar na atividade económica (ZAR)

W_e - é a taxa salarial horária ponderada das actividades económicas

h - é a percentagem de pessoas que utilizarão o tempo para actividades domésticas

W_h - é o salário-sombra horário ponderado para as actividades domésticas (ZAR)

O - é a percentagem de pessoas que gastarão noutras actividades

W_o - é a taxa salarial horária ponderada para outras actividades

Tempo de cozedura reduzido

134

$T_c = H_f ((30,42x \quad)$

60

$H_f = 63,40\ (30,42 \times 2.)$

$H_f =$ 63,40(66,924) =4242,9816 x 5,44= 23081,82 valor do tempo de cozedura reduzido em ZAR

Nas zonas rurais com elevados níveis de desemprego, como é o caso da comunidade de Maila, a melhor alternativa para o tempo é trabalhar e obter um rendimento desse trabalho. Os resultados analíticos acima mostram que a utilização da tecnologia do biogás apresenta uma redução significativa do tempo, sendo mais utilizado em actividades económicas como as práticas agrícolas. Isto implica que a implementação e a utilização do biogás contribuem significativamente para o desenvolvimento económico das comunidades rurais. Embora haja muito debate, o Banco Asiático de Desenvolvimento propõe que o valor do tempo seja calculado com base na taxa de salário mínimo local para mão de obra não qualificada (Smith *et al.*, 2013). Na maioria das zonas rurais, é empiricamente improvável que o tempo extra disponível num dia seja sempre utilizado diretamente para actividades económicas geradoras de rendimento. Mais uma vez, há muito debate entre os defensores da utilização de um salário sombra sobre a ponderação adequada para uma avaliação exacta do custo de oportunidade do tempo nas zonas rurais. Os benefícios sociais da tecnologia do biogás incluem a melhoria do saneamento, a redução do volume de resíduos eliminados, a melhoria das condições de higiene através da redução dos agentes patogénicos e das moscas, e benefícios ambientais como a proteção do solo e da vegetação.

Desenvolvimento de competências e criação de emprego

A indústria do biogás tem potencial para empregar muitos jovens que estarão envolvidos na agricultura integrada com a tecnologia do biogás. Isto também garantirá oportunidades de empreendedorismo. Os resultados da investigação apontam fortemente para a importância da tecnologia do biogás na consecução da sustentabilidade energética e na resolução do problema da poluição do ar interior nos agregados familiares rurais. Além disso, reduz os custos domésticos gastos em fontes de energia para cozinhar e aquecer.

3.4 Apresentação do estudo de caso

Transformação socioeconómica através da agricultura integrada com biogás numa creche e numa escola locais.

A Cooperativa de Mulheres Polivalentes de Marubini é uma cooperativa de mulheres na aldeia de Maila, Makhado, na província mais setentrional do Limpopo, na África do Sul. O Censo de 2011 classificou a província de Limpopo como a mais pobre do país, com um nível de pobreza de cerca de 63,8% (Lehohla, 2014) e, no entanto, com um dos melhores climas agrícolas e vastos recursos naturais. A Co-operative Limited foi criada em 1995 como uma organização sem fins lucrativos de mulheres desempregadas que se dedicavam à produção de cogumelos. O grupo foi então encorajado a registar-se como cooperativa, uma organização de desenvolvimento registada no Departamento de Saúde e Desenvolvimento Social como uma organização sem fins lucrativos. A cooperativa tem 12 membros (membros efectivos da cooperativa) e dez voluntários. As suas principais actividades são o desenvolvimento da primeira infância com 250 crianças ao nível da creche. Para além de gerir esta creche, a cooperativa também produz aves de capoeira com uma capacidade de cerca de 3200 poedeiras por ano. A cooperativa também se dedica à produção de culturas de rendimento. O local é agora um sítio bem conhecido, com muitos visitantes com diferentes objectivos, desde negócios, compra de produtos e até aprendizagem.

Devido à natureza da sua atividade, esta cooperativa consome muita energia sob a forma de calor para preparar a comida para as crianças. Fornecem-se de lenha a empresários locais, que cobram preços exorbitantes pela madeira, que está a escassear. Por outro lado, produzem muitos resíduos da produção de ovos e o local cheira muito mal; pior ainda, têm crianças pequenas. Os benefícios da tecnologia do biogás na cooperativa provaram ser suficientes, e a cooperativa está muito satisfeita com os benefícios demonstrados pela inclusão do sistema de bioenergia nas suas actividades agrícolas. No sector agrícola, os rendimentos melhoraram significativamente em quantidade e qualidade porque o chorume biológico é utilizado para irrigação. O odor desagradável diminuiu significativamente. Os benefícios incentivaram a cooperativa a aumentar a sua produção de matéria-prima, aumentando a produção de poedeiras.

A tecnologia do biogás desempenha um papel essencial na melhoria da qualidade de vida dos membros da cooperativa. A lenha, outrora utilizada, deixou de ser uma necessidade. Alguns destes benefícios incluem:

a) Condições mais higiénicas, graças à eliminação da poluição do ar interior causada pela lenha, que é particularmente prejudicial para as mulheres responsáveis pela cozinha.

b) Prevenir a desflorestação através da redução da colheita e do consumo de madeira para lenha. A Cooperativa de Maila utilizava lenha para a alimentação das crianças, e o biogás reduziu essa dependência.

c) A queima de biogás é mais limpa do que a queima de lenha. Para além de não fazer fumo, as únicas emissões são o dióxido de carbono e a água. Assim, a emissão de carbono para a atmosfera é reduzida.

d) Benefícios macroeconómicos, tais como a criação de emprego graças à construção de uma central de biogás, que requer pessoal. A cooperativa beneficia das vendas de produtos agrícolas como a couve, a abóbora e os espinafres. A tecnologia do biogás oferece um conjunto excecional de benefícios. Melhora a saúde dos utilizadores, é uma fonte de energia sustentável, beneficia o ambiente e proporciona uma forma de tratar e reutilizar vários resíduos, animais e agrícolas.

Relativamente ao biogás como combustível para cozinhar, as respostas foram geralmente positivas, tendo o biogás sido descrito como sendo de acesso rápido e simples, uma vez que apenas é necessário abrir uma torneira e acender a chama, em vez do processo mais trabalhoso de acender uma fogueira com biomassa. Os entrevistados concordaram que o biogás era a sua escolha preferida para cozinhar com biogás ou outros combustíveis. Embora estejam interessados no biogás, alguns desafios incluem a produção insuficiente de gás e, nalguns casos, a falha total da instalação, que impediu uma mudança sustentada e exclusiva para combustíveis limpos para cozinhar. Fazendo eco de estudos realizados noutros locais (Osei-Marfo *et al.*, 2022), a incapacidade dos digestores de biogás para satisfazerem plenamente as necessidades de cozinha dos utilizadores foi associada a uma tendência para "empilhar" combustíveis, sendo o biogás frequentemente complementado com lenha (recolhida ou comprada), carvão vegetal ou GPL.

A cooperativa utiliza o chorume como fertilizante na horta. As condições existentes em Maila são semelhantes às do distrito e de toda a província, se não mesmo do país. Cada escola prepara comida para os alunos através do programa de nutrição patrocinado pelo governo, criando assim uma elevada procura de energia e produção de resíduos. Com base no projeto e nos resultados apresentados, a tecnologia do biogás é a forma mais eficaz de alcançar o desenvolvimento social e económico. Os benefícios deste sistema estendem-se a quase todos os objectivos de desenvolvimento do milénio. A utilização de biogás a partir da conversão de outros resíduos sujos do ambiente, como os resíduos animais e humanos, é uma forma limpa de gestão de resíduos; o aumento do rendimento das culturas melhora a dieta, o que se traduz numa boa saúde, aumenta o rendimento - redução da pobreza, evita a poluição ambiental, etc. Esta tecnologia pode resolver os desafios de desenvolvimento de muitas comunidades rurais se for bem abordada através de um programa integrado de monitorização e avaliação da tecnologia do biogás. A cooperativa foi selecionada como beneficiária do programa. Oito jovens são empregados através do programa. Eles devem assegurar a alimentação dos digestores e participar nas actividades agrícolas da cooperativa. A figura abaixo mostra um modelo de tecnologia de biogás integrado com a agricultura. As etapas são descritas a seguir: A etapa 1 consiste em alimentar o digestor; as etapas 2, 3 e 4 envolvem o chorume e a sua utilização como fertilizante durante a preparação da terra e também a rega das culturas; a etapa 5 consiste na colheita das culturas; e a etapa 6 consiste em levar os restos para o digestor e o ciclo continua.

Modelo de exploração agrícola integrada com biogás

Figura 4 Exploração agrícola integrada no modelo de biogás (Fonte: Autores)

Rendimento total de gás por matéria-prima na cooperativa (estudo de caso)

Teoricamente, qualquer biomassa pode ser degradada em biogás; o crescimento da tecnologia do biogás levou à utilização de estrume de vaca, estrume de galinha e resíduos orgânicos. O estrume de vaca é especialmente adequado devido aos metanogénios nos estômagos dos ruminantes (Bond & Templeton, 2011). O estrume por dia por animal é de cerca de 10 kg, e 1 kg de gado produz 0,036 m^3 de biogás. Uma vez que o gado não é pastoreado na cooperativa, os resíduos diários recolhidos foram considerados como sendo de 5 kg. Além disso, 1 kg de resíduos de estrume de galinha produz 0,062 m3 de gás por kg por dia (Mukumba *et al.*, 2013). Assumindo que 1m^3 de biogás poderia produzir 9kWh de energia, 35,3 m^3 poderiam produzir 317,7kWh/dia de energia, e isso é mostrado na Tabela 6, a cooperativa é capaz de produzir energia de 9531kWh a partir de seus resíduos por mês. O digestor instalado reduziu a dependência da cooperativa em relação à lenha e ao GPL, que utilizavam para cozinhar.

Análise económica do projeto de biogás (digestor de cúpula fixa)

A avaliação dos benefícios económicos dos sistemas de biogás pode ser complicada, uma vez que requer frequentemente a atribuição de custos financeiros a combustíveis sem valor de mercado definido. Os custos de investimento do digestor foram calculados, e os resultados estão resumidos na Tabela 6. O custo total de investimento do digestor de biogás é de ZAR8091, e o benefício total é de ZAR25706 num período de retorno de 3 anos.

Quadro 6 Resumo dos benefícios económicos da área de estudo de caso

Parâmetro	**Valor calculado (ZAR)**
Custo total	8091.00
Total de benefícios	25706.82
Indicadores de viabilidade	
VAL	16310,944 (valor atual líquido positivo)
Nota: Pressuposto - 1m3 de biogás pode produzir 9kWh de energia: 35,3 m^3 poderiam produzir 317,7kWh/dia de energia	
Potencial líquido de biogás (estrume de galinha)	317,7kWh/dia de estrume de galinha
Potencial de biogás	126,261 cum x 6 kWh/cum = 757,566 kWh

3.5 Sustentabilidade ambiental e benefícios sociais

O estudo revelou que os beneficiários dos digestores de biogás usufruíram de benefícios categorizados como financeiros e económicos. Por exemplo, os beneficiários já não têm de ir buscar lenha à floresta, mas têm de utilizar o biogás, como mostra a Figura 5; o tempo poupado é postulado para ser utilizado em actividades geradoras de rendimentos e na redução da poluição do ar interior associada aos riscos para a saúde decorrentes da utilização de lenha. O dinheiro que supostamente iria para problemas relacionados com a saúde está agora a ser poupado. A poluição do ar em recintos fechados causa problemas de saúde, como problemas respiratórios e oculares. Além disso, são apresentados os mesmos benefícios económicos, que incluem a poupança de combustível para cozinhar e para iluminação, a poupança de fertilizantes químicos e a poupança em despesas relacionadas com o agregado familiar.

3.6 Discussão dos resultados

Nos últimos anos, os conceitos de pobreza mudaram para incluir múltiplas dimensões de carência e bem-estar. A pobreza abrange o baixo rendimento e o baixo consumo e a baixa realização em termos de educação, bem-estar, alimentação e outras áreas do desenvolvimento humano. Os benefícios da tecnologia do biogás podem ser articulados em termos de indicadores de pobreza. Se as mulheres passarem menos tempo a recolher lenha e mais tempo a gerar rendimentos valiosos, o indicador de pobreza aumenta o seu rendimento. A mudança para combustíveis mais limpos diminui as ameaças à saúde, aumentando assim o indicador de pobreza saúde e esperança de vida. Se as mulheres passarem menos tempo a recolher lenha, podem dedicar mais tempo à educação das crianças, o que aumenta o indicador de pobreza educação.

A tecnologia do biogás proporciona o tão necessário desenvolvimento rural, especialmente no que respeita à gestão dos resíduos e à satisfação das necessidades energéticas dos agregados familiares. A energia e o desenvolvimento humano andam de mãos dadas porque a energia é essencial para promover as actividades sociais e económicas. Assim, a falta de energia disponível promove muitas facetas do desenvolvimento sustentável, como a redução da pobreza, a promoção das mulheres, a proteção do ambiente e a criação de emprego (Omer, 2011). As comunidades rurais devem melhorar o seu acesso aos padrões energéticos actuais. A utilização de lenha influencia o estatuto social e económico de uma comunidade rural, uma vez que esta depende principalmente dela para cozinhar e satisfazer outras necessidades.

A maioria das pessoas ainda depende da lenha e da parafina como fontes primárias de energia. O processo de recolha de lenha é dispendioso para uma família pobre, tanto em termos de tempo como de energia. As actividades diárias das mulheres andam à volta da agricultura de subsistência e grande parte do seu tempo é dedicado à recolha de combustível, lenha, água, preparação de alimentos, cuidados com as crianças, limpeza e manutenção da casa. A utilização tradicional da biomassa para cozinhar e aquecer é a principal na maioria das comunidades rurais (AGECC, 2010). Os agregados familiares pobres com acesso limitado ou inexistente a serviços energéticos dominam as comunidades rurais. Esta deficiência de acesso aos serviços energéticos afecta a produção económica e constitui um obstáculo à prestação adequada de outros serviços essenciais cruciais, como os cuidados de saúde e a educação (IEA, 2011). A dependência excessiva da lenha para satisfazer as necessidades de cozinha e aquecimento é um dos principais factores de desflorestação nas comunidades desfavorecidas. A tecnologia do biogás pode proporcionar às comunidades rurais um acesso muito mais limpo à energia, ajudando assim a criar novas oportunidades económicas, a gerar mais rendimentos e a promover o desenvolvimento rural.

4. Conclusões e recomendações

As conclusões do estudo revelam que, de facto, a tecnologia do biogás é uma solução múltipla para muitos desafios que as zonas rurais enfrentam. Quando a tecnologia do biogás é integrada na agricultura, as comunidades rurais beneficiarão mais, porque a tecnologia do biogás, por si só, não pode trazer as mudanças desejadas, especialmente no sector económico das famílias rurais. A utilização da tecnologia no sector agrícola nas famílias pode proporcionar às comunidades rurais os benefícios desejados. Há muitos empregos criados através do projeto de biogás na área de estudo, e a maioria dos que usufruem dos benefícios são os jovens. O aumento da aceitação da tecnologia do biogás e o desenvolvimento de competências locais ajudariam o sector a crescer exponencialmente. Isto cria fluxos de receitas alternativos que têm o potencial de gerar oportunidades económicas. Este facto também irá descarbonizar a economia. Além disso, a tecnologia do biogás gera receitas que podem ser convertidas em créditos de carbono. Por conseguinte, a tecnologia do biogás deve ser promovida para gerar energia, especialmente na agricultura.

É consensual que as comunidades rurais necessitam urgentemente de aumentar o seu acesso à tecnologia do biogás. O estudo recomenda mais investigação e implementação sobre a importância da tecnologia do biogás nesta altura para alcançar a sustentabilidade energética e resolver o problema da poluição do ar interior nos agregados familiares rurais. Além disso, para reduzir os custos domésticos gastos em fontes de energia para cozinhar e aquecer. O estudo recomenda ainda que o sector privado e financeiro desenvolva mecanismos de financiamento para apoiar estas iniciativas, para que os objectivos de desenvolvimento possam ser alcançados.

6. Declaração

Contribuições dos autores: RT: Revisão da literatura, concetualização Redação do rascunho original; KB: Supervisão, edição da metodologia, análise de dados; **TD: Supervisão**, edição, Metodologia; **NP:** Supervisão, edição. **"Todos os autores leram e aprovaram a versão final do artigo.**

Agradecimentos

Esta investigação foi financiada pela Fundação Nacional de Investigação (NRF) e pela Organização das Nações Unidas para o Desenvolvimento (UNIDO).

Conflito de interesses: Os autores declaram não haver conflito de interesses.

Referências

AGECC, Energy for a sustainable future, The Secretary-General's Advisory Group On Energy And Climate Change. Summary Report and Recommendations, Nova Iorque, 2010.

Ali MM, Ndongo M, Bilal B, Yetilmezsoy K, Youm I, Bahramian M (2020) Mapeamento do potencial de produção de biogás a partir de estrume animal e resíduos de matadouros: um estudo de caso para os países africanos. J Clean Prod 256:120499. https://doi.Org/10.1016/j.jclepro.2020.120499

Bekchanov M, Mondal MAH, de Alwis A, Mirzabaev A (2019) Porque é que a adoção é lenta apesar do potencial promissor da tecnologia do biogás para melhorar a segurança energética e mitigar as alterações climáticas no Sri Lanka? Renew Sustain Energy Rev 105:378-390. https://doi.Org/10.1016/j.rser.2019.02.010

Raha D., P. Mahanta, M.L. Clarke A implementação de digestores de biogás descentralizados em Assam, no nordeste da Índia: o impacto e a eficácia do Programa Nacional de Gestão do Biogás e do Estrume Política Energética, 68 (2014), pp. 80-91

Amigun, B. & Sigamoney, Rovani & von Blottnitz, Harro. (2008). Comercialização da indústria de biocombustíveis em África: A review. Renewable and Sustainable Energy Reviews. 12. 690-711. 10.1016/j.rser.2006.10.019.

Singh, K. Jatinder & Sooch, Sarbjit. (2004). Estudo comparativo da economia de diferentes modelos de digestores de biogás de tamanho familiar para o estado de Punjab, Índia. Energy Conversion and Management. 45. 1329-1341. 10.1016/j.enconman.2003.09.018.

Omer, 2011; Biomassa e biogás para a produção de energia: desenvolvimento recente e perspectivas. *Investigação em Biotecnologia*, *2*(2). Recuperado de https://updatepublishing.com/journal/index.php/rib/article/view/233

Amare, Zerihun. (2014). O papel da produção e uso de energia de biogás na redução de emissões de gases de efeito estufa; o. Jornal de Engenharia Multidisciplinar Ciência e Tecnologia (JMEST). 1. 3159-0040.

Smith, Mike. (2012). A viabilidade financeira e económica da utilização de biodigestores e da produção de biogás para as famílias rurais.

Eshete Mengistu, M.G. & Simane, Belay & Eshete, Getachew & SiyumWorkneh, Tilahun. (2016). Factores institucionais que influenciam a disseminação da tecnologia do biogás na Etiópia. Jornal de ecologia humana (Deli, Índia). 55. 117-134. 10.1080/09709274.2016.11907016.

Negusie, T. L. (2010). Estudo sobre o estado atual dos digestores de biogás institucionais na Etiópia. *UNIVERSIDADE DE ADIS ABEBA*.

Yilma D 2011. O estado da tecnologia do biogás na Etiópia. Um documento apresentado no Workshop Interdisciplinar de Peritos do Departamento para o Desenvolvimento Internacional (DFID) sobre o potencial dos digestores de biogás de pequena escala na África Subsariana, Universidade de Adis Abeba, Adis Abeba, 16 a 8 de maio de 2011.

Eshete G, Sonder K, ter Heegde F 2006. Report on the Feasibility Study of a National Programme for Do- domestic Biogas in Ethiopia (Relatório sobre o Estudo de Viabilidade de um Programa Nacional para o Biogás Doméstico na

Etiópia). Adis Abeba: Organização de Desenvolvimento dos Países Baixos (SNV)-Etiópia.
Lansche, J. e Müller, J. (2012) Life cycle assessment of energy generation of biogas fed combined heat and power digesters: Impacto ambiental de diferentes substratos agrícolas. Eng. Life Sci., 12: 313-320. https://doi.org/10.1002/elsc.201100061
Berihu Araya (2012). Biogás-bio-slurry: Um pacote para reduzir a disparidade de género nos agregados familiares rurais - o caso de Hintalo-Wajirat e Ofla woredas, região de Tigray. Dissertação de Mestrado. Tese de mestrado, Universidade de Adis Abeba, Adis Abeba, Etiópia.
Ahiataku-Togobo W. e Y. P. Owusu-Obeng, *Biogas technology- what works for Ghana?* Gana, 2016.
Gwavuya SG, Abele S, Barfuss I, Zeller M, Müller J 2012. Economia da energia doméstica na Etiópia rural: A cost-benefit analysis of biogas energy. Renewable Energy, 48: 202-209
Hivos-ABPP 2018 https://hivos.org/new-research-shows-biogas-as-alternative-solution-to-clean-cooking/
Clemens, H. R. Baillis, A. Nyambane, e V. Ndungu, "Africa biogas partnership programm: a review of clean cooking implementation through market development in East Africa," *Energy for Sustainable Development*, vol. 46, pp. 23-31, 2018.
Hanekamp E. e J. C. Ahiekpor, *Technical assistance to the Ghana Energy Commission to develop a dedicated programme to establish institutional biogas systems in 200 boarding schools, hospitals and prisons, and to prepare for CDM application: feasibility study*, Ghana, 2015.
Osei-Marfo, M. E. Awuah, e N. K. de Vries, "Biogas technology diffusion and shortfalls in the central and Greater Accra Regions of Ghana," *Water Practice Technology*, vol. 13, no. 4, pp. 932-946, 2018.
ONU, *Transforming our world: the 2030 agenda for sustainable development*, Nova Iorque, 2015.
OMS, *WHO Publishes New Global Data on the Use of Clean and Polluting Fuels for Cooking by Fuel Type*, Genebra, Suíça, 2022.
Brew-Hammond, A. "Energy access in Africa: challenges ahead," *Energy Policy*, vol. 38, no. 5, pp. 2291-2301, 2010.
Bhattacharya C. S. e P. Abdul Salam, "Low greenhouse gas biomass options for cooking in the developing countries," *Biomass and Bioenergy*, vol. 22, no. 4, pp. 305-317, 2002.
Comissão da Energia, *Plano Estratégico Nacional para a Energia 2006 - 2020*, Comissão da Energia, Gana, 2006.

Sonder F. Ter Heegde e K., *Biogas for Better Life: Uma iniciativa africana: Domestic Biogas in Africa; a First Assessment of the Potential and Need: Documento de discussão*, SNV - Organização de Desenvolvimento dos Países Baixos, 2007.
Bank, W, "The power of dung: lessons learned from on-farm biodigester programs in Africa", 2019.
Lehohla, 2014 Eletricidade produzida e disponível para distribuição, StatsSA
Amigun & Von Blottnitz, 2011 Amigun, B. & Parawira, Wilson & Musango, Josephine & Aboyade, Akinwale & Badmos, A.. (2012). Anaerobic Biogas Generation for Rural Area Energy Provision in Africa. 10.5772/32630.
DFID, 2002, Abordagem dos Meios de Subsistência Sustentáveis do DFID e seu Quadro
OMS, 2002 Reduzir os riscos, promover uma vida saudável, Ambiente, Alterações Climáticas e Saúde (ECH), **ISBN:** 9241562072
Gautam *et al.,* 2009: Gautam, Rajeeb & Baral, Sumit & Herat, Sunil. (2009). Biogas as a sustainable energy source in Nepal: Present status and future challenges. Renewable and Sustainable Energy Reviews. 13. 248-252. 10.1016/j.rser.2007.07.006.
SESSA, 2012 Tricase, Caterina & Lombardi, Mariarosaria. (2012). Análise ambiental de sistemas de produção de biogás. Biofuels. 3. 749-760. 10.4155/bfs.12.64.
Arcenas et al., 2010: Arcenas, Agustin & Bojö, Jan & Larsen, Bjrn & Ruiz Nunez, Fernanda. (2010). The Economic Costs of Indoor Air Pollution: New Results for Indonesia, the Philippines, and Timor-Leste. Journal of Natural Resources Policy Research. 2. 75-93. 10.1080/19390450903350861.
AGECC, 2010: AGECC (2010). *Energia para um futuro sustentável. Summary report and recommendations*, The secretary-general's Advisory group on Energy and climate Change, Nova Iorque.
AIE, 2011: AIE (2011), *World Energy Outlook 2011*, AIE, Paris https://www.iea.org/reports/world-energy-outlook-2011, Licença: CC BY 4.
Rehman Debadayita Raha, Pinakeswar Mahanta, Michèle L. Clarke, The implementation of decentralised biogas digesters in Assam, NE India: The impact and effectiveness of the National Biogas and Manure Management Programme, Energy Policy, Volume 68, 2014, Pages 80-91, ISSN 0301-4215, https://doi.org/10.1016/j.enpol.2013.12.048.
Sekhar, Kalina, M., Ogwang, J.Ò. & Tilley, E. From potential to practice: rethinking Africa's biogas revolution. *Humanit Soc Sci Commun* **9**, 374 (2022). https://doi.org/10.1057/s41599-022-01396-x
Shane A, Gheewala SH, Kasali G (2015) Potencial, barreiras e perspectivas da

produção de biogás na Zâmbia. J Sustain Energy Environ 6:21-26
Tigabu, Aschalew & Berkhout, Frans & Van Beukering, P.J.H. (2017). Ajuda ao desenvolvimento e difusão de tecnologia: Improved cookstoves in Kenya and Rwanda. Política energética. 102. 593-601. 10.1016/j.enpol.2016.12.039.
Rupf,.G V. P.A. Bahri, K. de Boer, M.P. McHenry Barriers and opportunities of biogas dissemination in Sub-Saharan Africa and lessons learned from Rwanda, Tanzânia, China, Índia e Nepal Renovar. Sustain. Energy Rev., 52 (2015), pp. 468-476
Shivika Mittal, Erik O. Ahlgren, P.R. Shukla, Barreiras à disseminação do biogás na Índia: A review, Energy Policy, Volume 112, 2018, Pages 361-370, ISSN 03014215, https://doi.Org/10.1016/j.enpol.2017.10.027.
Biswas L, Chowdhury R, Bhattacharya P (2007) Mathematical modeling for the prediction of biogas generation characteristics of an anaerobic digester based on food/vegetable residues. Biomassa Bioenergia 31:80-86
GreenCape, 2022;
https://greencape.co.za/assets/WASTE MIR 7 4 22 FINAL.pdf
Eaton D., G. Meijerink, e J. Buman, *Understanding Institutional Arrangements: Fresh Fruits and Vegetable Value Chain in Eastern Africa. Markets, Chains and Sustainable Development Strategy & Policy Papers, no. XX*, Stichting DLO, Wageningen, Países Baixos, 2008.
UN-GGIM, *Tendências nas disposições institucionais nacionais. 7ª Sessão do Comité de Peritos* , Nações Unidas, 2017.
Hodgson G. M., "What are institutions?". *Journal of Economic Issues*, vol. XL, n.º 1, 2006.
Landi M, Sovacool BK, Eidsness J (2013) Cooking with gas: policy lessons from Rwanda's National Domestic Biogas Program (NDBP) Energy Sustain Dev 17(4):347-356. https://doi.org/10.1016/j.esd.2013.03.007

CAPÍTULO 3

ANÁLISE DA IMPLEMENTAÇÃO DA TECNOLOGIA DO BIOGÁS NA PROVÍNCIA RURAL DO LIMPOPO

PROVÍNCIA RURAL DO LIMPOPO, ÁFRICA DO SUL

Thilivhali Rasimphi[*1], Beata Kilonzo[1], Malose Tjale[1], David Tinarwo[2], Pertina Nyamukondiwa[1]

[1] *Instituto de Desenvolvimento Rural, Universidade de Venda, Thohoyandou, África do Sul*

África do Sul; [2] *Departamento de Física, Faculdade de Ciências, Engenharia e Agricultura; Universidade de Venda, Private Bag X5050, Thohoyandou, 0950. África do Sul.*

Autor correspondente: e-mail: eugenethilivhali@yahoo.com* ;11583291@mvula.univen.ac.za * (0792550203)

Resumo
O acesso à energia nas zonas rurais é crucial porque a energia desempenha um papel vital no desenvolvimento de qualquer área e sector. O fornecimento de energia conduz à redução da pobreza, elevando o estatuto social de muitos agregados familiares. No entanto, a utilização de tecnologias de energias renováveis, como o biogás, para atenuar os actuais desafios energéticos da rede que as comunidades e as suas actividades económicas enfrentam nas zonas rurais, continua a ser um desafio significativo. Este documento analisou a literatura existente sobre os métodos utilizados para implementar a tecnologia do biogás nas zonas rurais, a fim de recomendar uma abordagem integrada sustentável para a implementação da tecnologia do biogás. Foram recolhidos dados secundários de revistas, relatórios, actas de conferências, etc. As conclusões revelam que a área está repleta de ruínas de centenas de projectos de biogás falhados, arruinados e abandonados, principalmente de pequena escala ou de dimensão doméstica, mas também à escala macro, servindo como lembretes permanentes de projectos mal concebidos e de uma falta de vontade de abordar criticamente algumas questões difíceis. Apesar das imensas vantagens da tecnologia do biogás, especialmente na redução das emissões de gases com efeito de estufa e na melhoria da segurança energética dos agregados familiares, a sua utilização, aceitação e adoção permanecem baixas. Do mesmo modo, a taxa de difusão atual poderia ser muito mais elevada e mais estruturada. Assim, é necessário reconfigurar a forma como a tecnologia do biogás é implementada nas zonas rurais.
Palavras-chave: Tecnologia do biogás, implementação, adoção, biodigestor, energia sustentável

1. Introdução

1.1 Visão geral da tecnologia do biogás

A tecnologia do biogás envolve a conversão de matéria orgânica, como resíduos agrícolas, estrume animal, esgotos e restos de comida, em biogás através de um processo chamado digestão anaeróbia. Os microrganismos decompõem a matéria orgânica e produzem biogás, principalmente metano (CH4) e dióxido de carbono (CO_2), juntamente com pequenas quantidades de outros gases (Lwiza *et al.*, 2017). O biogás tem o potencial de servir como combustível limpo para cozinhar, ajudar na gestão de resíduos e proporcionar benefícios agrícolas nas zonas rurais (Mwirigi *et al.*, 2014; Vasco-Correa *et al.*, 2018). Quando utilizado de forma eficaz, pode contribuir para o desenvolvimento rural, a sustentabilidade ambiental e o aumento do acesso à energia para as populações rurais.

No entanto, apesar do seu potencial, a implementação bem sucedida de projectos de biogás nas zonas rurais da África do Sul enfrenta desafios. Factores como limitações tecnológicas, restrições financeiras, lacunas políticas e barreiras sociais impedem a adoção generalizada e a utilização eficaz da tecnologia do biogás (Mittal *et al.*, 2018). Como resultado, muitas comunidades rurais continuam a depender de fontes de energia tradicionais, lutam com uma gestão inadequada dos resíduos e enfrentam desigualdades socioeconómicas (Paramonova *et al.*, 2022). A ausência de um modelo abrangente para a implementação bem sucedida da tecnologia do biogás nas zonas rurais da África do Sul agrava estes desafios (Stehlik, 2010; Omar, 2021). Apesar de a tecnologia do biogás ser reconhecida como uma fonte de energia global sustentável, ainda é necessário melhorar a sua utilização, aceitação, taxa de disseminação e adoção.

Evolução e adoção precoce da tecnologia do biogás nas zonas rurais

O esgotamento das fontes de energia não renováveis e os crescentes desafios ambientais criaram uma procura de alternativas energéticas sustentáveis. O biogás surgiu como um substituto promissor, oferecendo uma opção de energia limpa e renovável (Siddiki *et al.*, 2021). Ao contrário das fontes de energia tradicionais, o biogás fornece uma solução sustentável (Chodkowska-Miszczuk *et al.*, 2021), permitindo uma transição para um paradigma energético mais limpo e sustentável (Gupta *et al.*, 2023). Particularmente nas zonas rurais, o biogás é valorizado como uma alternativa eficiente para cozinhar e aquecer (Chodkowska-Miszczuk *et al.*, 2021), reduzindo a dependência da lenha ou dos combustíveis fósseis (Singh *et al.,* 2023). Além disso, a produção de biogás gera bioslurry, um fertilizante rico em nutrientes (Sawyerr *et al.*, 2019). Em geral, a tecnologia do biogás promove o desenvolvimento sustentável, melhora o acesso à energia e contribui para o desenvolvimento rural. As origens do biogás remontam a mil anos atrás, com a utilização de gás produzido pela decomposição de matéria orgânica em casas de banho assírias (Yasmin e Grundmann, 2019). Este gás era utilizado para aquecer água (Venkata, 1991; Bond e Templeton, 2011; Mishra *et al.*, 2022). Na década de 1950, houve uma onda de interesse e investigação em tecnologia de biogás, levando ao desenvolvimento de projectos de digestores bem conhecidos propostos por Joshbai Patel na Índia. Estes projectos tornaram-se o protótipo do digestor de tambor flutuante (Venkata, 1991; Sarangi *et al.*, 2022). Os governos de países como a China e a Índia apoiaram a instalação de digestores domésticos, o que resultou num aumento significativo da sua adoção. Em 2007, a China tinha aproximadamente 26,5 milhões de digestores domésticos, e a Índia tinha 4 milhões (Bond e Templeton, 2011; Bhatia *et al.*, 2020). Nas últimas duas décadas, a SNV, uma Organização de Desenvolvimento dos Países Baixos, tem promovido ativamente programas de digestores domésticos em vários países da Ásia e África (Kasinath *et al.*, 2021). Só em 2012, foram instalados mais de meio milhão de digestores domésticos/domésticos, beneficiando aproximadamente 2,9 milhões de pessoas ao fornecer energia limpa para cozinhar e aquecer (SNV, 2013; Kasinath *et al.*, 2021). Além disso, a utilização do biogás também ajuda a enfrentar os desafios do saneamento. De um modo geral, o biogás oferece uma solução prática e viável para as questões energéticas e de saneamento, especialmente para as comunidades rurais.

2. Papel das energias renováveis

A produção de energias renováveis está a crescer rapidamente em todo o mundo, tendo algumas regiões ultrapassado a produção de combustíveis fósseis pela primeira vez no primeiro semestre de 2020 (Winquist *et al.*, 2020). Esta mudança pode ser parcialmente atribuída a uma diminuição de 7% na procura de eletricidade devido à pandemia de COVID-19 (Kumar *et al.*, 2022). Em particular, a produção de energia eólica e solar na Europa e em África registou um crescimento significativo, representando 13% da produção total de eletricidade em 2016 e aumentando para 21% no primeiro semestre de 2020 (Jones e Moore, 2020). Até a China assumiu o compromisso de atingir o pico das suas emissões de CO_2 antes de 2030 e de alcançar a neutralidade carbónica até 2060 (McGrath, 2020). Este compromisso é especialmente crucial, tendo em conta que a China é responsável por aproximadamente 28% das emissões globais (Ministério dos Assuntos Económicos e do Emprego, 2020). Embora o sistema de energias renováveis enfrente desafios em todo o lado, encontrar soluções para as comunidades rurais deve ser uma prioridade. O biogás tem o potencial de resolver vários problemas enfrentados pelas zonas rurais.

Uma fonte de energia renovável ideal está prontamente disponível, é acessível e facilmente gerida pelas comunidades locais (Write, 2011; Zafar *et al.*, 2018; Zame *et al.*, 2018). Existem vários tipos de tecnologias de energias renováveis disponíveis, incluindo a energia solar, eólica, biomassa, geotérmica, hidroelétrica, recursos oceânicos, biogás, biocombustíveis e hidrogénio (OCDE, 2012; Muriuki, 2014; Dekker e Dirkse, 2019). Os governos de todo o mundo comprometeram-se a adotar fontes de energia limpas e rentáveis para enfrentar a crise energética (Moreno, 2002; Bekchanov *et al.*, 2019; Rahman *et al.*, 2019). As zonas rurais dispõem de recursos abundantes, como os resíduos animais e os resíduos de culturas, que podem ser convertidos em fontes de energia utilizáveis. Em 2012, o Japão e a Alemanha lideraram o mercado solar, com o Japão a registar um aumento de 73% no investimento em energias renováveis, atingindo 16 mil milhões de dólares (PNUA, 2013; Collins *et al.*, 2013; Scarlet, 2019). Isto levou a um aumento das instalações fotovoltaicas de pequena escala devido a novos subsídios tarifários (Wentzel, 2003; Zame *et al.*, 2018). No Paquistão, as energias renováveis representam atualmente 2,4% do cabaz energético total, mas o governo pretende aumentar este valor para 5% até 2030, com o importante papel da biomassa (Ikram *et al.*, 2020; Carmona *et al.*, 2021). Do mesmo modo, a África do Sul está a atrair investimentos significativos em energias renováveis para diversificar o seu cabaz energético e fornecer energia às zonas rurais afectadas por cortes de carga (Green Energy Services, 2021). O aumento dos preços da eletricidade e a insegurança energética estão a levar os consumidores a explorar opções alternativas.

A distribuição de eletricidade na África do Sul é altamente desigual, embora a eletricidade esteja a ser produzida e vendida a outros países africanos (Goemas *et al.*, 2017). Na maioria dos casos, é fornecida mais eletricidade às zonas urbanas, o que faz com que a população rural não tenha outra opção senão depender de fontes de energia mais caras e menos convenientes, como o GPL, a parafina e a lenha (Theron, 2016). A eletrificação da rede é o método mais comum de fornecimento de energia às comunidades rurais, porque se prevê que, ao fornecer eletricidade às comunidades rurais (Seeling-Hochmuth, 2012), o desenvolvimento económico e um melhor padrão de vida para as pessoas serão alcançados (Seeling-Hochmuth, 2002; Gevelt *et al.*, 2018). Mesmo que as famílias rurais adquiram eletricidade, esta raramente é utilizada para cozinhar (Foley, 2019). Isto deve-se ao facto de as pessoas rurais acharem dispendioso pagar as ligações eléctricas e fazer pagamentos mensais pela utilização da eletricidade, principalmente quando utilizada para cozinhar (Bansal *et al.*, 2013; Mapako, 2017). Muitas pessoas nas comunidades rurais ainda usam madeira para cozinhar e reservam a eletricidade para a iluminação para reduzir os pagamentos mensais de eletricidade (Samantha e Sundaram, 2018; Foley, 2020). As zonas rurais estão em desvantagem porque os agregados familiares estão dispersos, longe das estradas principais e esparsamente espalhados por grandes áreas. Esta falta de disponibilidade de eletricidade da rede deixa a população rural com poucas opções para satisfazer as suas necessidades energéticas, sendo uma delas as energias renováveis. Outro fator que motiva a utilização de fontes de energia renováveis é a questão da sustentabilidade, uma vez que as fontes convencionais têm um tempo de vida útil e esgotar-se-ão no futuro.

3. Panorama e situação atual da aplicação da tecnologia do biogás Os digestores domésticos de biogás são largamente utilizados em muitos países, sendo a China líder em termos de número de instalações. Embora os países em desenvolvimento estejam a envidar esforços para adotar a tecnologia do biogás, existem ainda desafios neste domínio, alguns dos quais variam de país para país. A secção seguinte examina a aplicação da tecnologia do biogás a nível mundial.

3.1 **Perspetiva global da aplicação da tecnologia do biogás nas zonas rurais**

Nas últimas décadas, tem-se verificado um aumento global da atenção para as tecnologias de biogás doméstico , particularmente nos países europeus e nas zonas rurais da América Latina (Van Nes, 2013; Lyytimäki, 2018; Clemens *et al.*, 2018). As lições de países desenvolvidos como a Alemanha e a Suécia, que promoveram com sucesso a disseminação de tecnologias de biogás (Amigun e Blottnitz, 2007; Mutungwazi *et al.*, 2018), podem servir de orientação valiosa para outros países na promoção da tecnologia do biogás. Por exemplo, na Alemanha, a proibição governamental da eliminação de resíduos sólidos urbanos em aterros alterou drasticamente o panorama da gestão de resíduos, levando a um aumento da procura de digestores de biogás para gerir os resíduos orgânicos (Poeschl et al., 2010). A Alemanha tem estado na vanguarda da promoção das energias renováveis, incluindo o biogás, e possui uma vasta gama de digestores de biogás, desde unidades domésticas em quintas até instalações centralizadas de maior dimensão (Lebuhn e Munk, 2014; Jain *et al.*, 2022). A Lei Alemã de Energias Renováveis (EEG) oferece incentivos financeiros e tarifas de alimentação para apoiar o desenvolvimento de projectos de biogás (Kumar *et al.*, 2023), o que tem desempenhado um papel significativo no rápido crescimento da capacidade de biogás do país (Gupta *et al.*, 2023). Na Alemanha, os digestores de biogás utilizam várias matérias-primas, como resíduos agrícolas, resíduos orgânicos domésticos e industriais, bem como culturas energéticas como o milho e a erva, contribuindo para o avanço do país no sector das energias renováveis. A tecnologia do biogás é também adoptada em países como a Dinamarca, onde é convertido e utilizado em geradores de calor.

A Dinamarca adoptou a tecnologia do biogás na sua estratégia de transição para uma economia de baixo carbono desde 2019 (Meyer *et al*., 2018). O sector do biogás do país utiliza principalmente resíduos orgânicos provenientes da agricultura, da transformação de alimentos e de fontes municipais (Kumar *et al*., 2023). Os digestores de biogás dinamarqueses funcionam frequentemente com sistemas combinados de calor e energia (CHP), permitindo a produção de eletricidade e calor a partir do biogás (Poeschl et al., 2010; Singh *et al*., 2023; Gupta *et al*., 2023). O Governo da Dinamarca concede apoio financeiro e incentivos regulamentares para encorajar a produção e utilização de biogás como parte do seu compromisso para com as energias renováveis e a ação climática (Chen *et al*., 2020). A tecnologia do biogás está a ser cada vez mais adoptada nos Estados Unidos para a gestão de resíduos, a produção de energia renovável e a mitigação dos gases com efeito de estufa (Pasqual *et al*., 2018). Os digestores anaeróbios são utilizados nas explorações agrícolas para gerir o estrume do gado e os resíduos agrícolas, produzindo simultaneamente biogás para a produção de eletricidade, aquecimento ou combustível para veículos (Shaibur *et al*., 2021). Algumas instalações de tratamento de águas residuais nos Estados Unidos (EUA) utilizam a digestão anaeróbia para tratar as lamas de depuração e produzir biogás, frequentemente utilizado para compensar os custos de energia na instalação ou injetado em gasodutos de gás natural (Pasqual *et al*., 2018). Vários estados oferecem incentivos, subvenções e programas de empréstimos para apoiar o desenvolvimento de projectos de biogás, e iniciativas federais como o Renewable Fuel Standard (RFS) e o Renewable Electricity Production Tax Credit (PTC) também fornecem apoio à produção de biogás (Meyer *et al*., 2018). Estes exemplos mostram como a tecnologia do biogás está a ser implementada em países desenvolvidos para abordar a gestão de resíduos, a produção de energia e os objectivos de sustentabilidade ambiental (Poeschl *et al*., 2018). Através de políticas de apoio, incentivos financeiros e inovação tecnológica, o biogás tornou-se uma parte essencial das energias renováveis nos países europeus.

Na Europa, a produção de biogás assume várias formas. Algum biogás é melhorado e adicionado à rede de gás natural ou utilizado como combustível para transportes. A nível doméstico, os digestores de biogás são utilizados como combustível para cozinhar, substituindo fontes de combustível tradicionais como a madeira e o estrume. Os biodigestores comerciais de grande escala, por outro lado, visam satisfazer a procura de energia em maior escala, gerando e vendendo eletricidade e calor. Esta mudança para fontes de energia renováveis é motivada pelos impactos negativos das emissões de gases com efeito de estufa no ambiente. Para tornar o biogás economicamente mais viável e comercialmente acessível, os decisores, os investigadores e as partes interessadas têm-se concentrado na realização de estudos experimentais e na utilização de técnicas de otimização matemática para determinar as estratégias mais eficientes.

3.2 **Implementação da tecnologia do biogás nas zonas rurais dos países em desenvolvimento**

A aplicação da tecnologia do biogás nos países em desenvolvimento tem sido lenta e insatisfatória devido às variações das condições climáticas, das normas socioculturais, das competências e da educação nos diferentes países. Os países em desenvolvimento enfrentam desafios relacionados com a política, o financiamento, os serviços técnicos, a sustentabilidade, a sensibilização e a educação, que são cruciais para a correta aplicação da tecnologia do biogás. No entanto, houve alguns projectos bem sucedidos que abordaram desafios como a pobreza energética, a degradação ambiental e a gestão de resíduos em várias zonas rurais. Estes projectos centraram-se na melhoria do acesso à energia, na sustentabilidade ambiental e no desenvolvimento socioeconómico. A tecnologia do biogás desempenha um papel vital na melhoria dos meios de subsistência e da resiliência das comunidades rurais. A disseminação generalizada de digestores de biogás nos países em desenvolvimento começou na década de 1970 através de programas governamentais e organizações não governamentais que ofereciam subsídios e incentivos para encorajar a sua adoção nas zonas rurais. Apesar destes esforços, a aceitação tem-se mantido baixa devido às competências técnicas e às percepções das pessoas nas zonas rurais relativamente à utilização de resíduos como matéria-prima.

De acordo com Bond e Templeton (2018), a taxa de utilização dos digestores de biogás nos países asiáticos, onde se assume que a tecnologia está bem desenvolvida, é de cerca de 50%. A má manutenção dos digestores de biogás foi relatada como uma razão para o seu fracasso no Paquistão (Pilloni *et al.*, 2020). Ghimire (2013) afirma que, em zonas rurais da Indonésia, o biogás não ganhou popularidade devido às despesas de instalação do digestor de biogás, que muitas pessoas necessitam de assistência para pagar. Do mesmo modo, Vasco-Correa *et al.* (2018) verificaram que, na Tailândia, o custo dos digestores de biogás era dispendioso para os habitantes das zonas rurais que estavam habituados a utilizar a madeira disponível como fonte de combustível. A China tem uma longa história de adoção da tecnologia do biogás, que remonta à década de 1950, quando o governo chinês implementou programas de biogás em grande escala para resolver a escassez de energia nas zonas rurais (Cong, 2013). Estes programas, como o Projeto Biogás da China, promoveram a construção de digestores domésticos utilizando resíduos agrícolas e resíduos animais (Chen *et al.*, 2010). Atualmente, a China continua a ser um líder mundial na tecnologia do biogás, com milhões de digestores de biogás instalados em agregados familiares rurais (Cong *et al.*, 2014). Estes sistemas fornecem energia limpa e contribuem para a gestão de resíduos e a sustentabilidade ambiental (Fan *et al.*, 2016). Através de várias iniciativas governamentais, parcerias internacionais e esforços de base, a tecnologia do biogás teve um impacto positivo nos meios de subsistência e na sustentabilidade na China (Pantivoh, 2019). Em 1980, estimava-se que tinham sido instalados 1,6 milhões de digestores de biogás, mas mais de metade destes digestores falharam devido a uma má conceção. Entre 1996 e 2012, o governo investiu um total de cerca de 31 mil milhões de RMB no desenvolvimento do biogás (Chen, 2012). Apesar deste investimento significativo, o progresso tem sido lento, com relatórios indicando que apenas cerca de 19% do potencial de biogás foi utilizado na China rural (Chen, 2010; Pantivoh, 2019). No entanto, o número de digestores de biogás domésticos instalados em 2010 era de aproximadamente 38,5 milhões, com uma produção anual de 13,08 mil milhões de m3 (Chen, 2012), que aumentou para 41,93 milhões e 15,8 mil milhões de m^3, respetivamente, em 2015 (Mingyu, 2019). O objetivo anual estimado para 2020 é de 43,94 milhões de digestores domésticos e 20,7 mil milhões de m^3 de produção de biogás (Mingyu, 2019). Apesar destas realizações, existem ainda desafios associados à política, à tecnologia de pré-tratamento, a cadeias industriais imperfeitas, a normas e especificações e a problemas técnicos decorrentes de digestores defeituosos ou de baixa qualidade. Estes obstáculos contribuíram para a baixa aceitação da tecnologia do biogás em muitos países asiáticos.

Os digestores de biogás mais utilizados são os digestores de cúpula fixa, os digestores de tambor flutuante e os digestores de balão ou tubo (Rupf, 2015). Vários destes reactores recentemente introduzidos foram instalados na Índia, tratando resíduos alimentares, estrume de vaca, excrementos humanos e matérias-primas mistas (Gu, 2019). Embora o uso de biogás gerado a partir de excrementos humanos ou fezes de animais seja um tabu cultural social em alguns lugares, isso não é lógico para a implementação do biogás (Pantivoh, 2019). Apesar da melhoria da aplicação do biogás na Índia, a tendência não é satisfatória. Os desafios a uma aplicação mais ampla estão associados à monitorização e ao controlo, à mistura, ao baixo rendimento do biogás, ao custo de instalação de um digestor de biogás, à manutenção do digestor e à fiabilidade do .

O Nepal fez progressos significativos na promoção da tecnologia do biogás através de iniciativas como o Programa de Apoio ao Biogás (BSP) (Jewitt et al., 2020). O BSP, lançado em parceria com a Organização Holandesa para o Desenvolvimento (SNV), instalou com sucesso milhares de digestores de biogás em residências rurais (Northcross, 2012; Sovacool et al., 2019). Outro programa, o Biogas Program for the Animal Husbandry Setor (BPAHS) no Nepal, centra-se na utilização de resíduos de gado para produzir biogás para cozinhar e iluminar, reduzindo assim a desflorestação e a poluição do ar interior (Hanna et al., 2012). O Programa de Apoio ao Biogás do Nepal (NBSP) tem desempenhado um papel crucial na promoção da tecnologia do biogás como uma solução energética sustentável nas zonas rurais do Nepal (Mondal et al., 2010). Este programa fornece apoio técnico, formação e incentivos financeiros às famílias rurais para a construção de digestores de biogás utilizando estrume animal e resíduos agrícolas como matéria-prima (Tucho *et al.*, 2016). Ao reduzir a dependência da lenha e ao melhorar a qualidade do ar interior, a tecnologia do biogás tem tido um impacto positivo na saúde, na igualdade de género e na conservação do ambiente no Nepal. O Nepal tem potencial para implementar cerca de 1,9 milhões de digestores (Bajgain *et al.*, 2005; Pantivoh, 2019), mas até à data apenas cerca de 9% deste potencial foi realizado (Katuwal e Bohara, 2019). Os principais desafios associados à implementação do biogás no Nepal incluem a falta de água e de matéria-prima suficiente, as temperaturas frias (cerca de 10°C) nas regiões montanhosas do Nepal, os elevados custos de instalação e a falta de sensibilização.

Apesar do potencial e das oportunidades, a implementação do biogás enfrenta vários desafios relacionados com o financiamento, a coordenação governamental, a sinergia de programas e o planeamento (Hyman e Bailis, 2018). A má manutenção dos digestores de biogás foi identificada como uma razão para a falha do digestor. Outros desafios importantes incluem a falta de compreensão e confiança na tecnologia, as condições climatéricas e as dificuldades de construção, que impedem a plena utilização do potencial do biogás. Além disso, a falta de capacidade técnica para a construção de digestores de alta qualidade, o conhecimento limitado sobre a gestão correta do digestor e as capacidades de mistura ineficientes contribuem para a baixa produção e para o fracasso do digestor.

África

O estabelecimento de uma tecnologia sustentável de biogás continua a ser um grande desafio nos países em desenvolvimento, em comparação com os países desenvolvidos. Muitos operadores do sector do biogás não dispõem de formação técnica adequada, o que dificulta a integração da tecnologia do biogás nas práticas eco-agrícolas e resulta numa baixa produção e aceitação do biogás. A composição da matéria-prima é crucial para determinar o rendimento do biogás e pode mesmo levar ao fracasso de todo o processo de produção de biogás.

No Quénia, organizações como o Programa de Biogás do Quénia (KBP) têm desempenhado um papel vital na promoção da adoção da tecnologia do biogás

entre os pequenos agricultores (Kabir et al., 2019). Este programa oferece formação, subsídios e apoio técnico para facilitar a construção de digestores domésticos de biogás utilizando resíduos agrícolas e estrume animal. Os sistemas de biogás no Quénia fornecem combustível limpo para cozinhar e o digerido é utilizado para aumentar a fertilidade do solo (Van der Kroon et al., 2014). Graças ao Programa de Biogás do Quénia, foram instalados milhares de digestores de biogás em agregados familiares rurais em todo o país (Hope *et al.*, 2014). O acesso a energia limpa e acessível melhorou os padrões de vida, reduziu a desflorestação e atenuou os impactos das alterações climáticas nas comunidades rurais (Khangura et al., 2012). No entanto, os digestores de biogás existentes no Quénia enfrentam desafios como uma conceção e construção inadequadas, uma manutenção deficiente e uma aceitação social limitada (Kabir e Yegbemey, 2013). De acordo com um inquérito realizado por He et al. (2013), dos 21 digestores existentes no Quénia, apenas 8 estavam funcionais, enquanto 13 não estavam funcionais ou estavam incompletos (Day et al., 1990). Uma taxa de sucesso tão baixa desencoraja compreensivelmente os vizinhos de instalarem sistemas semelhantes. Consequentemente, o pleno potencial da tecnologia do biogás não foi realizado devido a problemas com serviços técnicos, financiamento, processos operacionais e disponibilidade de informação.
O estabelecimento de uma tecnologia sustentável continua a ser um desafio significativo para a implementação do biogás nos países em desenvolvimento. Estes países dispõem de recursos abundantes de biomassa, mas carecem das infra-estruturas necessárias para a utilização eficiente desses recursos. Além disso, o nível de compreensão dos utilizadores relativamente aos aspectos técnicos da implementação do biogás é crucial para a sua eficácia (Gebreegziabher, 2014). Uma iniciativa notável que promoveu a tecnologia do biogás em vários países, incluindo o Burundi, Botsuana, Burkina Faso, Costa do Marfim, Etiópia, Gana, Guiné, Lesoto, Namíbia, Nigéria, Ruanda, Zimbabué, África do Sul e Uganda, é o Programa de Parceria para o Biogás em África (ABPP). O ABPP é uma parceria público-privada entre a Hivos e a SNV Netherlands Development Organisation, apoiada pela Agência Internacional para as Energias Renováveis (IRENA, 2015) (Gautam *et al.*, 2009). No entanto, ao contrário da Europa e da Ásia, a promoção bem sucedida da tecnologia do biogás em África continua por alcançar, em grande parte devido à natureza temporária e subsidiada de programas anteriores destinados a incentivar as comunidades rurais a adotar a tecnologia.
Existem numerosos exemplos de projectos implementados em zonas rurais em todo o mundo, cada um deles adaptado às necessidades e condições específicas das comunidades locais. No contexto africano, há muitos exemplos que

fornecem lições valiosas para futuras adopções e implementações. Um desses exemplos é o Projeto de Biogás da Borda (Bremen Overseas Research Development Association), implementado pela BORDA Tanzânia (Sesan *et al.*, 2018). Este projeto promove sistemas de biogás descentralizados para uso doméstico e comunitário nas zonas rurais da Tanzânia (Afridi *et al.*, 2019; Movik *et al.*, 2020). O projeto empregou uma abordagem baseada na comunidade, envolvendo as partes interessadas locais no planeamento, implementação e gestão dos digestores de biogás (Puzzolo *et al.*, 2016). No entanto, a falta de educação e formação foi identificada como um fator que contribui para o fracasso dos digestores de biogás. Além disso, a escassez de peritos técnicos resultou em elevados custos de manutenção (Mwirigi *et al.*, 2014). O acesso a empréstimos para investir em infra-estruturas de biogás é extremamente limitado nesta região. Além disso, embora as partes interessadas locais estivessem envolvidas no projeto, a sua participação limitou-se ao período do projeto e não se estendeu para além dele.

Outro exemplo é o Programa de Desenvolvimento Energético Rural (REDP) no Camboja, que promoveu a adoção da tecnologia do biogás como uma solução de cozinha limpa para as famílias rurais (Mustonen *et al.*, 2013). Através de colaborações com organizações locais e instituições financeiras, o programa forneceu formação, subsídios e apoio microfinanceiro para permitir que as famílias rurais construíssem digestores de biogás. Os principais objectivos do projeto consistiam em reduzir o consumo de lenha, a poluição do ar em recintos fechados e as emissões de gases com efeito de estufa, melhorando simultaneamente o bem-estar das famílias, preservando os recursos naturais e mitigando os impactos das alterações climáticas nas zonas rurais do Camboja (Surendra *et al.*, 2014). Na sua década inicial, o programa alcançou um sucesso significativo, instalando mais de 20.000 biodigestores que permitiram que as famílias rurais convertessem os resíduos animais em biogás e bioslurry (Lamberet, 2015). O programa proporcionou muitos benefícios ambientais, incluindo a redução do consumo de lenha, menores emissões de gases de efeito estufa e menor exposição à poluição do ar doméstico (Hayman e Bailis, 2018). No entanto, a taxa de instalações diminuiu em 2015 e não recuperou o ímpeto (Mustonen *et al.*, 2013). Este declínio deveu-se principalmente à remoção de subsídios pelo governo em 2015 (Amare, 2015; Mengistu *et al.*, 2016), que, embora posteriormente reintroduzidos, resultaram no fracasso do programa. As mudanças na liderança do programa dificultaram o acesso das pessoas ao financiamento, diminuindo ainda mais o apelo do programa no Camboja e a nível mundial.

O projeto indiano tem os maiores programas de biogás do mundo, com milhões de agregados familiares com biodigestores instalados em zonas rurais (Rehfuess *et al.*, 2014). O Programa Nacional de Gestão de Biogás e Estrume (NBMMP) promove o uso de digestores de biogás para cozinhar e iluminar as casas, especialmente em áreas rurais onde o acesso a energia limpa é limitado (Raha *et al.*, 2014; Swain e Mishra, 2020). Estes digestores utilizam o estrume de vaca como matéria-prima para produzir biogás para cozinhar e iluminar, bem como chorume rico em nutrientes para a agricultura biológica (Schleich *et al.*, 2019). Fornecem combustível limpo para cozinhar, reduzem a poluição do ar interior e gerem os resíduos do gado para melhorar o saneamento. A iniciativa do digestor de gás Gobar na Índia contribuiu para o desenvolvimento rural, a capacitação das mulheres e a sustentabilidade ambiental (Meeks *et al.*, 2019). No entanto, apesar dos esforços comunitários para promover as tecnologias de biogás e a utilização de resíduos animais para a produção de biogás, a utilização do biogás nas zonas rurais é baixa, com apenas 2% das famílias rurais na Índia a utilizá-lo (Singh e Kalamdhad, 2022). Isto deve-se a uma diminuição da população bovina resultante da mecanização das explorações agrícolas e do transporte mecanizado.

Embora tenham sido instalados vários digestores de biogás em diversos países, como o Burundi, o Botsuana, o Burquina Faso, a Costa do Marfim, a Etiópia, o Gana e a Guiné,

Lesoto, Namíbia, Nigéria, Ruanda, Zimbábue, África do Sul e Uganda (Mwirigi *et al.*, 2014; Lwiza *et al.*, 2017), esses projetos não foram bem-sucedidos. Apesar dos inúmeros benefícios dos biodigestores para as comunidades rurais (Chen *et al.*, 2013), alguns sistemas de biogás em áreas rurais não atendem às expectativas devido a aspectos técnicos, manutenção e falta de apoio técnico. Subsídios e programas anteriores também não foram bem-sucedidos na gestão desses projetos de biogás (Zhang *et al.*, 2006; Mondal *et al.*, 2010). O sucesso dos programas de serviços energéticos é muito influenciado pelo contexto sociocultural em que são implementados. Embora o governo tenha introduzido novas políticas para melhorar o abastecimento de energia, tem havido pouca avaliação do sucesso desses esquemas ao nível do utilizador.

3.2.1 Perspetiva sul-africana sobre a implementação da tecnologia do biogás nas zonas rurais

A tecnologia do biogás não foi promovida ou implantada com sucesso na África do Sul por várias razões relacionadas com factores sociais, políticos, económicos e tecnológicos (Chen *et al.*, 2010; De Clercq *et al.*, 2017). O país já tem um acesso generalizado à eletricidade e a serviços essenciais subsidiados (Kapoor *et al.*, 2020). Na África do Sul, a maioria dos digestores são pequenos digestores domésticos, com cerca de 700 digestores construídos para residências, escolas e quintas (Mukumba et al., 2016). Houve alguns projectos de biodigestores financiados pelo governo nacional em KwaZulu-Natal, Limpopo e Cabo Oriental, que utilizam matérias-primas locais para produzir gás de cozinha (Mutungwazi *et al.*, 2018; Ogwang *et al.*, 2020). Estes projectos incluem um em Grahamstown que converte resíduos humanos em biogás (Nevorova e Kutcherov, 2019), um em KwaZulu Natal que utiliza estrume animal para digestores domésticos, e um em Limpopo que utiliza resíduos animais e alimentares para gerar biogás para agregados familiares e explorações agrícolas. Infelizmente, alguns destes projectos falharam devido a dificuldades técnicas, falta de matéria-prima, conclusão do projeto, manutenção deficiente e falta de retorno financeiro. Muitos destes digestores de biogás eram simplesmente unidades de demonstração individuais que os utilizadores não queriam necessariamente, mas que toleravam.

Um obstáculo significativo à implementação bem-sucedida da tecnologia do biogás é a falta de conhecimento e de plataformas participativas estruturadas para as comunidades que são os destinatários desta tecnologia (Chen *et al.*, 2017; Mittal *et al.*, 2018; Rupnar *et al.*, 2018). De acordo com Cheng *et al.* (2014), o sucesso ou fracasso dos projectos de tecnologia de biogás nas zonas rurais pode ser atribuído a políticas deficientes, formação e educação inadequadas, apoio financeiro insuficiente após a retirada dos subsídios e falta de mercado para os produtos de biogás (Han *et al.*, 2008; Amini *et al.*, 2013). A falta de envolvimento das partes interessadas e de aceitação social da tecnologia do biogás na África do Sul é também um constrangimento significativo, levando ao abandono e ao fracasso dos digestores de biogás. Devido à implementação limitada, as comunidades locais não conseguiram familiarizar-se com a tecnologia do biogás e beneficiar dela.

4. A importância da tecnologia do biogás nas zonas rurais

A Comissão para o Desenvolvimento Sustentável (CDS) da Organização das Nações Unidas (ONU) reconheceu que o acesso a serviços básicos de energia é um componente crucial do desenvolvimento sustentável. A CDS afirma que, para atingir o objetivo internacional de reduzir para metade, até 2015, a proporção de pessoas que vivem com menos de 1 dólar por dia, o acesso a serviços energéticos acessíveis é uma condição prévia (Greenpeace, 2002). Existe uma forte ligação entre a disponibilidade de energia e vários aspectos, como a educação, a saúde, a migração urbana, a capacitação, o emprego local, a geração de rendimentos e uma melhoria global da qualidade de vida (Nepal e Amatya, 2006; Surendra *et al.*, 2014). Tendo em conta as circunstâncias dos países em desenvolvimento, a tecnologia do biogás tem potencial para melhorar a gestão dos resíduos, gerar energia limpa, aliviar a carga de trabalho das mulheres e das crianças e criar oportunidades de emprego a nível local.

Para fornecer energia sustentável e limpa à população em crescimento, a tecnologia do biogás é considerada uma fonte de energia renovável promissora que pode provocar mudanças significativas nas comunidades, particularmente nos países em desenvolvimento (Pagels, 2010). O biogás tem várias vantagens, incluindo a melhoria do acesso a métodos modernos de cozinha e aquecimento, a redução das emissões de gases com efeito de estufa e a diminuição da desflorestação (Rehman *et al.*, 2012; Sekhar 2020). No entanto, um grande desafio consiste em motivar as famílias a investir nesta tecnologia (Kabir *et al.*, 2013). Para criar procura, é necessário aumentar a consciencialização e implementar programas de sensibilização. Além disso, as iniciativas de capacitação que apoiam o empreendedorismo relacionado com a energia e reduzem a dependência do acesso à energia pública podem desempenhar um papel vital na promoção da adoção da tecnologia do biogás, especialmente através da colaboração com instituições financeiras e privadas.

As zonas rurais carecem frequentemente de eletricidade fiável e de combustíveis limpos para cozinhar. A tecnologia do biogás oferece uma solução descentralizada para satisfazer as necessidades energéticas dos agregados familiares rurais, escolas e instalações de cuidados de saúde utilizando digestores (Muller *et al.*, 2018). Por exemplo, na Índia rural, onde a eletricidade é escassa, os digestores de biogás que funcionam com resíduos agrícolas ou estrume animal fornecem energia renovável para cozinhar e iluminar (Lewis *et al.*, 2018). Os métodos tradicionais de cozedura a partir de biomassa, como a queima de madeira ou de resíduos de culturas, contribuem para a poluição do ar interior e para as doenças respiratórias, sobretudo entre as mulheres e as crianças (Somanathan *et al.*, 2015). A tecnologia do biogás oferece uma alternativa mais limpa para cozinhar, reduzindo a poluição do ar interior e melhorando os resultados em termos de saúde (Schleich *et al.*, 2019). Nas zonas rurais do Quénia, os digestores de biogás domésticos substituíram os tradicionais fogões a lenha, levando a uma melhoria da qualidade do ar interior e à redução das doenças respiratórias entre mulheres e crianças (Rehfuess *et al.*, 2014). Além disso, os resíduos agrícolas, o estrume animal e o lixo doméstico orgânico são abundantes nas zonas rurais, o que torna possível converter estes materiais orgânicos em biogás através da digestão anaeróbia, abordando assim os desafios da gestão de resíduos e fornecendo uma fonte de energia renovável (Krishnapriya *et al.*, 2021). Na China rural, os digestores de biogás são amplamente utilizados para tratar o estrume do gado, reduzindo o odor e produzindo biogás para cozinhar e aquecer (Swain *et al.*, 2020). O digerido rico em nutrientes produzido durante a produção de biogás também pode ser utilizado como fertilizante orgânico (Thomson *et al.*, 2017), o que melhora a fertilidade do solo, aumenta o rendimento das culturas e reduz a necessidade de fertilizantes químicos. No Nepal, onde a agricultura é a principal fonte de subsistência para muitas comunidades rurais, os digestores de biogás fornecem energia renovável e contribuem para práticas agrícolas sustentáveis, utilizando o digestato como fertilizante. Por conseguinte, a importância da tecnologia do biogás nas zonas rurais não pode ser sobrestimada e os benefícios que oferece são significativos, especialmente quando combinados com oportunidades de negócio.

4.1 Geração de rendimentos e emprego

A tecnologia do biogás tem o potencial de criar oportunidades económicas nas zonas rurais, proporcionando fontes adicionais de rendimento e emprego (Sun *et al.*, 2014). Podem surgir empresas locais em torno da construção, manutenção e operação de sistemas de biogás, o que pode estimular o crescimento económico e promover o empreendedorismo (Thomson *et al.*, 2017). Nas zonas rurais da África do Sul, os projectos comunitários de biogás permitiram aos residentes gerar rendimentos através da venda e digestão do biogás, bem como através da prestação de serviços de instalação e manutenção de sistemas de biogás (Vijay *et al.*, 2015). De um modo geral, a tecnologia do biogás desempenha um papel crucial no combate à pobreza energética, na melhoria dos resultados em matéria de saúde, na promoção de uma agricultura sustentável e no apoio ao desenvolvimento económico nas zonas rurais. Esta tecnologia versátil pode ser utilizada na aquacultura, na agricultura e noutros empreendimentos comerciais, como a venda de composto e o armazenamento de biogás em sacos de armazenamento de gás. Ao aproveitar o potencial dos resíduos orgânicos, a tecnologia do biogás oferece uma solução abrangente para os desafios multifacetados enfrentados pelas comunidades rurais .

Apesar dos seus significativos benefícios económicos, ambientais, de saúde e sociais, a tecnologia do biogás não tem sido amplamente adoptada nas comunidades rurais dos países em desenvolvimento, com algumas excepções. Um dos principais obstáculos à difusão generalizada desta tecnologia são os elevados custos associados à instalação e manutenção (Ramirez, 2014). Estas despesas excedem os meios financeiros de muitas famílias rurais (Buysman, 2013). Além disso, a estrutura económica de muitos países em desenvolvimento favorece os combustíveis fósseis em detrimento dos combustíveis renováveis. Por exemplo, na China, o custo da produção de eletricidade utilizando bioenergia ou biometano é atualmente cerca de 1,5 vezes superior ao custo da produção de eletricidade utilizando carvão (Barnhart, 2014), apesar dos danos ambientais irreversíveis e dos custos de oportunidade associados aos combustíveis fósseis (Barnhart, 2014). Outro constrangimento que dificulta a disseminação da tecnologia do biogás na região é a capacidade insuficiente para a construção e manutenção de digestores de biogás. Embora a energia tenha sido reconhecida como um aspeto crítico do desenvolvimento, ela não tem recebido atenção significativa nos debates sobre políticas nos países em desenvolvimento (Buysman e Mol, 2013). Além disso, a maioria dos cursos técnicos e de engenharia oferecidos nas universidades e faculdades da região não oferece educação aprofundada sobre tecnologias energéticas e sua implementação. Como resultado, há uma falta de escolas técnicas e vocacionais que ofereçam treinamento em vários aspectos essenciais das tecnologias de energia renovável, incluindo a tecnologia do biogás.

5. Análise dos obstáculos comuns a uma implementação bem sucedida

A adoção e utilização efectiva da tecnologia do biogás é dificultada por vários obstáculos que podem variar consoante o contexto e a região. Estes obstáculos incluem condicionalismos tecnológicos, financeiros, políticos e sociais nas zonas rurais.

5.1 **Restrições tecnológicas**

Os digestores de biogás são complexos e exigem conhecimentos especializados em matéria de conceção, instalação e funcionamento. A falta de competências técnicas e de formação entre os utilizadores dificulta a implementação e manutenção bem sucedidas da tecnologia do biogás. No entanto, muitas zonas rurais não dispõem de lojas que ofereçam equipamento especializado (Kumaran *et al.*, 2016; Bong *et al.*, 2016). Na Etiópia, a dependência de materiais não locais aumentou os custos de investimento e levou a problemas de manutenção (Kamp e Forn, 2016). O acesso a equipamento, materiais e peças sobressalentes adequados é crucial para a adoção da tecnologia do biogás. A ausência de pessoal local qualificado resulta frequentemente em digestores abandonados a nível doméstico.

5.2 **Limitações financeiras**

O investimento de capital inicial necessário para a construção de digestores de biogás pode ser uma barreira para indivíduos e comunidades, particularmente em áreas de baixo rendimento (MNRE, 2015; Mutungwazi et al., 2018). O acesso a opções de financiamento, como empréstimos, subvenções ou subsídios, pode facilitar o investimento em projectos de biogás (Mikhail *et al.*, 2020). A falta de capital é um grande desafio para o avanço da implementação do biogás nos países em desenvolvimento (Bond e Templeton, 2011; Das, 2017). Além disso, o pré-tratamento mecânico antes do processo de digestão, que por vezes é necessário para uma produção efectiva de biogás, pode ser dispendioso. As instituições financeiras podem considerar a tecnologia do biogás como de alto risco e requerer mais familiaridade com os modelos de financiamento de projectos de energias renováveis.

5.3 **Lacunas nas políticas**

Muitos países em desenvolvimento não dispõem de políticas claras sobre a utilização de energias renováveis. O panorama político é fraco (Jiang, 2011). O compromisso inconsistente do governo e a descontinuidade dos projectos de biogás financiados pelo governo colocam desafios significativos à adoção da tecnologia do biogás nas zonas rurais
(Ankibomi, 2014). A corrupção em vários países africanos resultou num aumento dos custos operacionais, reduzindo assim a taxa de retorno (Taherzadeh e Rajendran, 2014). A ausência de tarifas de aquisição, de incentivos fiscais ou de objectivos para as energias renováveis desencoraja ainda mais o investimento e a inovação na indústria do biogás.

5.4 **Barreiras sociais**

A falta de sensibilização e educação sobre os benefícios da tecnologia do biogás entre as partes interessadas, incluindo os decisores políticos, as comunidades e os potenciais utilizadores, dificulta a aceitação e a adoção (Yasar, 2017). Fatores socioculturais, como atitudes em relação às práticas de gestão de resíduos, métodos tradicionais de cozimento ou propriedade de gado, influenciam a aceitação e adoção da tecnologia de biogás nas comunidades (Abduallh, 2019). Outro obstáculo ao desenvolvimento de digestores de biogás é o facto de as tecnologias importadas poderem não estar alinhadas com as necessidades locais. Por conseguinte, a investigação e o desenvolvimento são necessários para criar novas tecnologias locais ou modificar as existentes para satisfazer os requisitos locais (Surendra, 2014). Podem ser realizados projectos-piloto em universidades para avaliar a viabilidade da tecnologia e estabelecer as condições ideais para uma implementação bem sucedida antes da adoção pelas indústrias.

5.5 **Desafios em matéria de infra-estruturas**

A viabilidade e o custo dos projectos de biogás são afectados pelo transporte da matéria-prima para os locais de instalação do biodigestor. Para minimizar os custos de transporte, a matéria-prima deve estar prontamente disponível perto do digestor. As estratégias para ultrapassar estes obstáculos incluem o desenvolvimento de políticas de apoio, a concessão de incentivos financeiros, o reforço da capacidade técnica, a sensibilização e a promoção da participação da comunidade nos projectos de biogás.

6. Factores relacionados com a adoção, benefícios, desafios e impactos da tecnologia do biogás.

As abordagens existentes aos projectos de biogás devem dar prioridade a factores críticos como o envolvimento da comunidade, o reforço das capacidades dos beneficiários, o apoio político e o planeamento integrado. Ao concentrar-se nestes aspectos, a sustentabilidade dos projectos de biogás pode ser grandemente melhorada. É importante reconhecer que as comunidades rurais têm condições socioeconómicas diferentes, o que exige uma abordagem adaptada à introdução desta tecnologia. Infelizmente, a adoção da tecnologia do biogás não progrediu como desejado em muitos países em desenvolvimento, como salientado por Karanja e Kiruiro (2013) e Mwirigi *et al.* (2014). Os desafios geralmente enfrentados incluem factores técnicos, económicos e sociais relacionados com a implementação da tecnologia do biogás. Tumwesige *et al.* (2014) identificaram os aparelhos de biogás como um dos factores técnicos que afectam o desempenho dos digestores de biogás. No entanto, Mutungwazi *et al.* (2018) enfatizaram que, para abordar esses aparelhos, é importante considerar vários outros factores técnicos que podem afetar negativamente o funcionamento do digestor. Estes factores incluem a taxa de alimentação, a frequência da alimentação, a relação água-substrato, a utilização de gás e a compreensão do processo de digestão, tal como salientado por Balana e Glenn (2011) e Rajendran (2012). Infelizmente, estes factores têm sido frequentemente ignorados pelos investigadores e recebem pouca atenção por parte dos decisores políticos, financiadores e beneficiários.

6.1 Acessibilidade da tecnologia do biogás nas zonas rurais

De acordo com Ho *et al.*, (2015), a instalação de digestores de biogás nas zonas rurais da Indonésia tem sido dificultada pelo seu elevado custo, tornando-o incomportável para muitas pessoas (Muradin e Foltynowicz, 2014). Do mesmo modo, na Tailândia, o custo dos digestores de biogás excedeu o poder de compra da maioria dos agregados familiares rurais, que estão habituados à madeira disponível gratuitamente como fonte de energia (Ishizuka e Hisajima, 1995; Hoppe e Sanders, 2015; Ammenberg *et al.*, 2018). Na Tanzânia, um estudo de Cortsen *et al.* (2001) revelou que dos 39 agricultores que tinham instalado digestores de biogás, menos de dez tinham começado a efetuar pagamentos dois anos depois devido à falta de recursos financeiros (Surendra *et al.*, 2014). Na Malásia, o biogás é geralmente considerado uma fonte de energia cara em comparação com os combustíveis fósseis fortemente subsidiados, principalmente devido aos altos custos de investimento (Bong *et al.*, 2017; Hoo *et al.*, 2017). Cortsen *et al.* (2001) também enfatizaram a importância de os indivíduos pagarem pelos digestores de biogás para que eles valorizem o equipamento como sua própria propriedade. Para alcançar melhorias significativas, é necessário o apoio financeiro de organizações governamentais e não governamentais. O período de retorno do investimento pode ser encurtado se houver retorno financeiro do projeto. Infelizmente, muitos projectos de biogás centram-se apenas na satisfação das necessidades energéticas, com pouca consideração pelos benefícios económicos. Muitas vezes, os beneficiários não recebem formação adequada sobre a forma de obter rendimentos financeiros dos projectos de biogás e o potencial de integração agrícola ou outras formas de ganhos económicos não é totalmente explicado. Consequentemente, quando estes projectos não geram ganhos financeiros, os beneficiários perdem o interesse e o envolvimento.

6.2 Barreira de conhecimentos e défice de competências técnicas na utilização do biogás.

Nos países em desenvolvimento, a falta de conhecimentos técnicos adequados para a construção e manutenção de digestores de biogás cria restrições adicionais à sua utilização (Surendra *et al.*, 2014). Ghafoor *et al.* (2016) explicaram que a falta de conhecimentos técnicos durante a instalação e o funcionamento levou ao fracasso dos digestores de biogás em países como a Etiópia e o Ruanda. De acordo com Yasaar *et al.* (2017), os digestores de biogás no Paquistão falharam ao fim de um ano devido a uma manutenção incorrecta. Cheng *et al.* (2017) afirmaram que o mesmo problema foi observado na China rural, onde alguns projectos de biogás foram liquidados devido a atrasos no serviço de acompanhamento e na gestão (Chen *et al.*, 2017). Assim, a gestão inadequada e a falta de conhecimento técnico levaram ao fracasso dos programas de biogás, criando uma imagem negativa do biogás, segundo Dahlin *et al.* (2015). Na Índia, a falta de treinamento e educação para os proprietários, especialmente as mulheres, foi vista como uma barreira essencial para a manutenção dos biodigestores, a adequação da matéria-prima e os benefícios ambientais e potenciais de subsistência do digestato (Raha *et al.*, 2014; Biswas *et al.*, 2017; Rupf *et al.*, 2015). As mulheres são as principais envolvidas na cozedura e devem ser instruídas sobre todo o processo de digestão. As competências técnicas e os conhecimentos transmitidos às mulheres garantem a sustentabilidade da tecnologia e promovem o empoderamento das mulheres como destinatárias da tecnologia. As famílias estão, portanto, relutantes em adotar a tecnologia do biogás devido ao efeito de arrastamento de digestores falhados.

6.3 Opinião dos agregados familiares sobre a utilização da tecnologia do biogás nas zonas rurais

Alguns projectos de biogás falharam por serem incompatíveis com as crenças locais (Ghosh e Mandal, 2018). Factores específicos da sociedade, como a estigmatização, têm impacto na disseminação do biogás (Hasan *et al.*, 2020). Isso inclui pontos de vista culturais sobre o uso de certas matérias-primas como substratos para o processo de digestão (Amigun *et al.* 2017; Glivin e Sekhar

2020). Um projeto de biogás na Índia falhou porque os trabalhadores eram estereotipados e os níveis de analfabetismo eram elevados, pelo que a utilização de resíduos humanos era considerada um tabu (Roopnarain *et al.*, 2020). Nalgumas partes dos países em desenvolvimento, os digestores domésticos não são considerados digestores. Por exemplo, as percepções em torno da utilização de resíduos humanos como substratos para a produção de biogás.

6.4 Opinião das partes interessadas sobre a adoção da tecnologia do biogás

O êxito do projeto de biogás depende do envolvimento de vários intervenientes na comunidade. A adoção e o sucesso da tecnologia do biogás dependem de várias estruturas comunitárias e de outros organismos de interesse, ou seja, agências de financiamento, departamentos governamentais e organizações internacionais. Isto deve-se ao facto de os programas de digestores de biogás domésticos serem frequentemente promovidos por organizações sem fins lucrativos que necessitam de subsídios financeiros a longo prazo, apoio institucional e conhecimentos e competências técnicas (Vasco-Correa *et al.*, 2018). Além disso, os programas de digestores de biogás domésticos são realizados sem planeamento sistemático, o que pode ajudar a considerar aspectos técnicos, ambientais e socioeconómicos. Diouf e Miezan (2019) afirmaram que a instabilidade política também impede a adoção do biogás como fonte de energia. Como no caso da Etiópia, Surendra *et al.* (2014) afirmaram que a instabilidade política tem consequências internas e externas (Lohan *et al.*, 2015). Do ponto de vista interno, este facto dificulta as actividades empresariais e suspende os investimentos do sector privado (Yadooa e Cruickshank, 2010; Bößner *et al.*, 2019). A falta de participação do sector privado e a fraca coordenação constituem um desafio e dificultam frequentemente a adoção do biogás (Sun *et al.*, 2014; Yang e Chen, 2014). O sector privado é fundamental para promover a energia do biogás no mercado e torná-la comercialmente estável (Zhang e Wang, 2005; Wang *et al.*, 2014). As partes interessadas da comunidade desempenham um papel importante quando se considera a adoção de novas tecnologias, especialmente as pessoas influentes na comunidade. Quando uma pessoa influente tem um digestor e este está a funcionar bem, é fácil convencer outros beneficiários da comunidade a adotar a mesma tecnologia. O envolvimento de várias estruturas dentro da comunidade é importante porque elas também desempenham um papel na salvaguarda e proteção da tecnologia.

6.5 A tecnologia do biogás como veículo de investimento nas zonas rurais

De acordo com Yasar *et al.* (2019), as famílias pobres geralmente hesitam em escolher o biogás, uma vez que não há aparente geração direta de dinheiro de um digestor de biogás em relação aos altos custos de investimento (Yousuf *et al.*, 2016; Roopnarain *et al.*, 2020. A escolha das fontes de energia depende principalmente do nível de rendimento de uma família (Ghafoor *et al.*, 2016)). Na China, Zheng *et al.* (2020) argumentaram que diferentes modelos desenvolvidos servem de atração para a tecnologia do biogás. Para resolver o problema da geração de dinheiro, um modelo concebido combina o digestor de biogás com uma pocilga e uma casa de banho (Ocwieja, 2010; Raha *et al.*, 2014), com os quais o biogás pode ser utilizado como combustível para iluminação e cozinha, e o chorume biológico é utilizado como fertilizante para o cultivo de árvores de fruto, legumes e cereais, e como agente de controlo de pragas (Mwakaje, 2008; Ortiz *et al.*, 2017). Este modelo de construção requer menos capital e é rapidamente eficaz, o que reforça a utilidade e o valor alargado em condições económicas desfavoráveis. A tecnologia do biogás oferece uma série de benefícios quando integrada nas práticas agrícolas.

7. Aplicação da tecnologia do biogás nas zonas rurais

Dentro deste vasto corpo de conhecimento (Mittal *et al.*, 2018), a promessa do biogás doméstico permanece limitada; várias barreiras impedem sua atualização: barreiras que são continuamente discutidas, mas raramente parecem ser abordadas (Silaen *et al.*, 2020). É evidente como a produção descentralizada de biogás oferece várias oportunidades para acelerar a transição para o desenvolvimento sustentável e a economia circular com efeitos económicos positivos ao nível local de subsistência (He *et al.*, 2013; Song *et al.*, 2014). No entanto, a partir da literatura, é difícil determinar com precisão a contribuição dos biodigestores domésticos para a produção nacional global de energia renovável na África do Sul (Khan *et al.*, 2017). A experiência com um digestor de biogás indicou que a implementação bem-sucedida da tecnologia de biogás depende de vários factores, incluindo considerações técnicas, como a disponibilidade de matéria-prima e água suficientes, as competências e os recursos dos utilizadores da tecnologia. Embora tenham sido implementados subsídios e programas no passado, vários projectos de biogás falharam devido à incapacidade de uma gestão adequada. Essa baixa taxa de sucesso, não surpreendentemente, desencoraja a instalação contínua de biodigestores.

8. Conclusão

Vale ressaltar que o presente estudo está alinhado com o Plano de Desenvolvimento da África do Sul (NDP), que é a Visão 2030, e a estratégia de bioeconomia, que visa promover bioinovações para alcançar uma economia sustentável baseada em recursos, materiais e processos biológicos (Dahlin *et al.*, 2019). A produção de biogás também está em sincronia com os Objetivos de Desenvolvimento Sustentável (ODS) das Nações Unidas, especialmente os objetivos números 1 e 7, que exigem que esta tecnologia possa ajudar a reduzir a pobreza socioeconómica, fornecendo energia limpa a partir de fontes renováveis (Munganga, 2013; IEA, 2017). É uma opinião generalizada que a digestão anaeróbia implementada em zonas rurais pobres pode ajudar a alcançar vários Objectivos de Desenvolvimento Sustentável (ODS), impactos positivos na saúde e saneamento, e preservação do solo e da água.

9. Recomendações

Há falta de investigação sobre a determinação da taxa de adoção bem sucedida do biogás e a quantificação dos impactos da tecnologia do biogás de forma abrangente para esclarecer a sua contribuição para a realização dos Objectivos de Desenvolvimento Sustentável (ODS). Neste estudo, a aplicação bem sucedida da tecnologia do biogás significa a adoção, utilização e utilização constante da tecnologia do biogás para benefício económico das famílias. Por conseguinte, este estudo abordou principalmente estas lacunas, centrando-se na adoção da tecnologia do biogás e nos seus múltiplos impactos nos meios de subsistência das famílias rurais. Esta pesquisa reconhece que a redução das taxas de falha dos biodigestores é uma questão complexa. No entanto, podem ser tomadas medidas para reduzir o impacto de alguns dos fatores mais prejudiciais que levam ao abandono do sistema. Uma compreensão focada e precisa da razão crítica por trás dos fracassos é fundamental para o desenvolvimento de políticas futuras em torno da redução do abandono de biodigestores.

10. Declarações

Contribuições dos autores: RT: Revisão da literatura, concetualização Redação do rascunho original; KB: Supervisão, edição da metodologia, análise de dados; **TD: Supervisão**, edição, Metodologia; **NP:** Supervisão, edição. **"Todos os autores leram e aprovaram a versão final do artigo.**

Agradecimentos

Esta investigação foi financiada pela Fundação Nacional de Investigação (NRF) e pela Organização das Nações Unidas para o Desenvolvimento (UNIDO).

Conflito de interesses: Os autores declaram não haver conflito de interesses.

Declaração de ética

Foram seguidas as considerações éticas e foi obtido o consentimento verbal. A ferramenta de dados utilizada baseava-se na Internet e, como tal, os inquiridos deram o seu consentimento verbal. Comité de Ética da Univen N.º de AUTORIZAÇÃO ÉTICA: FSEA/23/IRD/06, Universidade de Venda.

A ferramenta de dados utilizada baseava-se na Internet e, como tal, foi solicitado aos inquiridos que dessem o seu consentimento verbal.

Declaração

Durante a preparação deste trabalho, o(s) autor(es) utilizou(aram) a ferramenta Grammarly para melhorar a legibilidade e a fluidez. Após a utilização desta ferramenta/serviço, o(s) autor(es) reviu(aram) e editou(aram) o conteúdo conforme necessário e assume(aram) total responsabilidade pelo conteúdo da publicação.

11. Referências

Adeoti, O. Ayelegun, T.A. S.O. Osho, (2014) Potencial de biogás da Nigéria a partir de estrume de gado e o seu valor climático estimado, Renew. Sustain. *Energy Rev. 37 243-248,* https://doi.Org/10.1016/j.rser.2014.05.005.

Ali MM, Ndongo M, Bilal B, Yetilmezsoy K, Youm I, Bahramian M (2020) *Mapeamento do potencial de produção de biogás a partir de estrume animal e resíduos de matadouros: um estudo de caso para os países africanos*. J Clean Prod 256:120499. https://doi.Org/10.1016/j.jclepro.2020.120499

ABPP (Programa Africano de Biogás). Avaliação do ABPP: resumo executivo. 2019. Disponível em emhttp://www. snv. org/proj ect/africa-biogas-partnership-programmeAfricanBiogasPartnershipProgramme. Acedido em 15 de junho de 2022

Berhe, M., Hoag, D., Tesfay, G., Keske, C., 2017. Factores que influenciam a adoção de digestores de biogás na Etiópia rural. *Energy Sustain. Soc. 7, 1-11.* http://dx.doi.org/10.1186/s13705-017-0112-5.

Bong, C.P.C. Ho, W.S. Hashim, H. J.S. Lim, C.S. Ho, W.S. Peng Tan, C.T. Lee, (2017) Revisão das políticas de gestão de energias renováveis e de resíduos sólidos para o desenvolvimento do biogás na Malásia, Renew. *Sustain. Energy Rev. 70 988998,* https://doi.org/10.1016Zj.rser.2016.12.004.

Buysman, E. Mol, A.P.J. (2013) Market-based biogas sector development in least developed countries-The case of Cambodia, *Energy Policy 63: 44-51,* https://doi.org/10.1016/j.enpol.2013.05.071.

Bekchanov M, Mondal MAH, de Alwis A, Mirzabaev A (2019) Porque é que a adoção é lenta apesar do potencial promissor da tecnologia do biogás para melhorar a segurança energética e mitigar as alterações climáticas no Sri Lanka? *Renew Sustain Energy Rev 105:378-390.* https://doi.org/10.1016/j.rser.2019.02.010

Bößner S, Devisscher T, Suljada T, Ismail CJ, Sari A, Mondamina NW (2019) Barreiras e oportunidades para transições de bioenergia: uma análise integrada e de perspetiva multinível da absorção de biogás em Bali. *Biomass Bioenergy 122:457-465.* https://doi.org/10.1016/j.biombioe.2019.01.002

Bruun S, Jensen LS, Khanh Vu VT, Sommer S (2014) Digestores de biogás domésticos de pequena escala: uma opção para a atenuação do aquecimento global ou uma potencial bomba climática? *Renew Sustain Energy Rev 33:736-741.*

https://doi.org/10.1016/j.rser.2014.02.033
Budiman I (2021) The complexity of barriers to biogas digester dissemination in Indonesia: challenges for agriculture waste management (A complexidade dos obstáculos à disseminação dos digestores de biogás na Indonésia: desafios para a gestão dos resíduos agrícolas). *J Mater Cycles Waste Manag 23:1918-1929.* https://doi.org/10.1007/s10163-021-01263-y
Chen, Y. Hu, W. P. Chen, R. Ruan, (2017) Desenvolvimento de projectos MDL de biogás doméstico na China rural, *Renew. Sustain. Energy Rev. 67 184-191,* https://doi.org/ 10.1016/j.rser.2016.09.052
Cheng, S Zhao,. M. H.-P. Mang, X. Zhou, Z. Li, (2017) Desenvolvimento e aplicação do projeto de biogás para o tratamento de esgotos domésticos na China rural: oportunidades e desafios, *J. Water, Sanit. Hyg. Dev. 7 576-588,* https://doi.org/ 10.2166/washdev.2017.011.
Dahlin, J. Herbes, C. M. Nelles, (2015) Biogas digestate marketing: qualitative insights into the supply side, *Resource Conservation Recycle. 104 152-161,* https://doi. org/10.1016/j.resconrec.2015.08.013.
Diouf B, Miezan E (2019) A iniciativa do biogás nos países em desenvolvimento, do potencial técnico ao fracasso: o estudo de caso do Senegal. *Renew Sustain Energy Rev 101:248-254.* https://doi.Org/10.1016/j.rser.2018.11.011
Hasan ASMM, Kabir MA, Hoq MT, Johansson MT, Thollander P (2020) Drivers and barriers to the implementation of biogas technologies in Bangladesh. *Biofuels 13(5)643-655.* https://doi.org/10.1080/17597269.2020.1841362
Dumont KB, Hildebrandt D, Sempuga BC (2021) The "yuck fator" of biogas technology: naturalness concerns, social acceptance and community dynamics in South Africa. *Energia Res Soc Sci 71:101-846.* https://doi.org/10.1016/j.erss.2020.101846
Dyah S (2019) Desenvolvimento do biogás: Disseminação e barreiras. Trabalho apresentado na Série de Conferências do IOP: Ciências da Terra e do Ambiente. Vol 277. 1-2 de novembro de 2018, Tangerang, Indonésia
Giwa, A. A. Alabi, A. Yusuf, T. Olukan, (2017) Uma análise exaustiva da biomassa e da energia solar para a produção de energia sustentável na Nigéria, *Renew. Sustain. Energy Rev. 69 620-641,* https://doi.org/10.1016Zj.rser.2016.11.160.
Cong, R.G. Caro, D. M. Thomsen, (2017) Is it beneficial to use biogas in the Danish transport sector? an environmental-economic analysis, *J. Clean. Prod. 165 1025-1035,* https://doi.org/10.1016/j.jclepro.2017.07.183.
Ghafoor, A. Rehman, T.U. Munir, A. M. Ahmad, M. Iqbal, (2016) Situação

atual e visão geral do potencial das energias renováveis no Paquistão para uma sustentabilidade energética contínua, *Renew. Sustain. Energy Rev. 60 1332-1342,* https://doi. org/10.1016/j.rser.2016.03.020.

Garfí, M. Martí-Herrero, J. A. Garwood, I. Ferrer, (2016) Household anaerobic digesters for biogas production in Latin America: a review, *Renew. Sustain. Energy Rev. 60 599-614,* https://doi.org/10.1016Zj.rser.2016.01.071.

Gao M, Wang D, Wang H, Wang X, Feng Y (2019) Potencial, utilização e contramedidas do biogás nas províncias agrícolas: um estudo de caso do desenvolvimento do biogás na província de Henan, China. *Renew Sustain Energy Rev 99:191-200.* https://doi.org/10.1016/j.rser.2018.10.005

Diouf B, Miezan E (2019) A iniciativa do biogás nos países em desenvolvimento, do potencial técnico ao fracasso: o estudo de caso do Senegal. *Renew Sustain Energy Rev 101:248-254.* https://doi.org/10.1016/j.rser.2018.11.011

Haider S (2021) Existe uma esperança renovada para os projectos de biogás na África do Sul? ESI África. https://www.esi-africa.com/industry-sectors/future-energy/is-esperança renovada para projectos de biogás na áfrica do sul/

Hamid RG, Blanchard RE (2018) Uma avaliação do biogás como fonte de energia doméstica nas zonas rurais do Quénia: desenvolvimento de um modelo de negócio sustentável. *Renew Energy 121:368-376.* https://doi.org/10.1016/j.renene.2018.01.032

Hasan ASMM, Kabir MA, Hoq MT, Johansson MT, Thollander P (2020) Drivers and barriers to the implementation of biogas technologies in Bangladesh. *Biofuels 13(5)643-655.* https://doi.org/10.1080/17597269.2020.1841362

Ho TB, Roberts TK, Lucas S (2015) Digestores de biogás domésticos de pequena escala como uma opção viável para a recuperação de energia e mitigação do aquecimento global - caso do Vietname estudo. *J Agric Sci Technol A 5:387-395.* https://doi.org/10.17265/2161- 6256/2015.06.002

Hanna R, Duflo E, Greenstone M. Up in smoke: the influence of household behaviour on the long-run impact of improved cooking stoves. https://doi.org/10.2139/ssr n.2039004; 2012.

Hoo, P.Y. Hashim, H. W.S. Ho, (2018) Oportunidades e desafios: injeção de gás de aterro para biometano na rede de distribuição de gás natural através de gasoduto, *J. Clean. Prod. 175 409-419,* https://doi.org/10.1016/j.jclepro.2017.11.193.

Huanyun D, Rui X, Jianchang L, Yage Y, Qiuxia W, Intekhab Hadi N (2013) Análise das contramedidas e barreiras ao desenvolvimento sustentável do biogás doméstico rural na China. *J Renew Sustain Energy 5(4):043116.* https://doi.org/10.1063/1.4816690

Khan K, Rahman ML, Islam MS, Latif MA, Khan MAH, Saime MA, Ali MH (2018) Cenário das energias renováveis no Bangladesh. *IJARII 4(5):270-279*

Agência Internacional da Energia (AIE) (2018). Acompanhamento do ODS7: O Relatório de Progresso da Energia 2018. Washington DC: Banco Internacional de Reconstrução e Desenvolvimento e Organização Mundial da Saúde; 2018.

Energia Inclusiva (2022). Biogás inteligente. Incl Energy; https://inclusive.energy/smart-biogas [Acedido em 18 de janeiro de 2022].

Jewitt S, Atagher P, Clifford M. We cannot stop cooking": stove stacking, seasonality and the risky practices of household cookstove transitions in Nigeria (Não podemos parar de cozinhar: empilhamento de fogões, sazonalidade e práticas arriscadas de transições de fogões domésticos na Nigéria). *Energy Res Social Sci 2020:61. 2214-6296*

Kelebe, H.E. (2018). Retornos, retrocessos e perspectivas futuras da promoção da bioenergia no norte da Etiópia: o caso da energia do biogás de tamanho familiar. *Energy Sustain Soc* **8**, 30 https://doi.org/10.1186/s13705-018-0171-2

Landi M, Sovacool BK, Eidsness J (2013) Cooking with gas: policy lessons from Rwanda's National Domestic Biogas Program (NDBP) *Energy Sustain Dev 17(4):347-356.* https://doi.org/10.1016/j.esd.2013.03.007

Lietaer S, Zaccai E, Verbist B (2019) Making cooking champions: percepções dos actores locais sobre o desenvolvimento do sector privado no Uganda. *Environ Dev 32:100-452.* https://doi.org/10.1016Zj.envdev.2019.07.002

Lohani SP, Dhungana B, Horn H, Khatiwada D (2021) Tecnologia de biogás em pequena escala e combustível de cozinha limpo: avaliação do potencial e ligações com os ODS em países de baixo rendimento - um estudo de caso do Nepal. *Sustain Energy Technol Assess 46:101-301.* https://doi.org/10.1016/j.seta.2021.101301

Mahdi, T., Hasib, Z.M., Ali, M.I., e Sarkar, M.A. (2012*).* Um aspeto dos digestores de biogás no distrito de Pabna, no Bangladesh. *2ª Conferência Internacional sobre os Desenvolvimentos em Tecnologias de Energias Renováveis (ICDRET 2012), 1-6.*

Mengistu MG, Simane B, Eshete G, Workneh TS (2015) A review on biogas technology and its contributions to sustainable rural livelihood in Ethiopia. *Renew Sustain Energy Rev 48:306-316.* https://doi.Org/10.1016/j.rser.2015.04.026

Mittal S, Ahlgren EO, Shukla PR (2018) Barreiras à disseminação do biogás na Índia: uma revisão. *Política energética 112:361-370.* https://doi.Org/10.1016/j.enpol.2017.10.027

Msibi SS, Kornelius G (2017) Potencial do biogás doméstico como fonte de energia doméstica na África do Sul. *J Energy South Africa 28(2):1-13.* https://doi.org/10.17159/2413-3051/2017/v28i2a1754

Mukeshimana MC, Zhao ZY, Ahmad M, Irfan M (2021) Análise das barreiras à disseminação do biogás no Ruanda: AHP approach. *Renew Energy 163:1127-1137.* https://doi.org/10.1016/j.renene.2020.09.051

Movik S, Allouche J. Estados de poder: imaginários energéticos e assemblagens transnacionais na Noruega, Nepal e Tanzânia. *Energy Res Social Sci 2020;67: 2214-6296.* https://doi.org/10.1016Zj.erss.2020.101548.

Muller C, Yan H. Uso de combustível doméstico nos países em desenvolvimento: revisão da teoria e evidências. https://doi.org/10.1016/J.ENECO.2018.01.024; 2018

Mengistu, M.G. Simane, B. G. Eshete, T.S. Workneh, (2015) Uma análise da tecnologia do biogás e dos seus contributos para a subsistência rural sustentável na Etiópia, Renew. Sustain. *Energy Rev. 48 306-316,* https://doi.org/10.1016/j.rser.2015.04.026

Moreda, I.L. (2016) O potencial de produção de biogás no Uruguai, Renew. Sustain. *Energy Rev. 54 1580-1591*, https://doi.org/10.1016/j.rser.2015.10.099.

Muradin, M. Z. Foltynowicz, (2014) Potential for producing biogas from agricultural waste in rural digesters in Poland, *Sustainability, 6(8), 5065-5074; https://doi. org/10.3390/su6085065*

Mustonen, S.; Raiko, R.; Luukkanen, J. **(2013)**, Bioenergy Consumption and Biogas Potential in Cambodian Households. Sustainability 5, 1875-1892. https://doi.org/10.3390/su5051875

Ogwang JO, Kalina M, Mahdjoub N, Trois C (2020a) Sistemas integrados de biogás como soluções de saneamento rural: reflexões de cinco intervenções institucionais em Ndwedwe, KwaZulu-Natal. Documento apresentado na Conferência Online do Instituto da Água da África do Sul 2020, 7-11 de dezembro de 2020

Ogwang JO, Kalina M, Jegede A, Mahdjoub N, Trois C (2020b) O desenvolvimento de um projeto optimizado de digestor anaeróbio de pequena escala para as zonas rurais da África do Sul. Trabalho apresentado no 8º Simpósio Internacional sobre Energia de Biomassa e Resíduos (Veneza, Itália 2020), 16-19 de novembro de 2020, SCUOLA GRANDE DI SAN GIOVANNI EVANGELISTA

Parawira W (2009) Biogas technology in sub-Saharan Africa: status, prospects and constraints. *Rev Environ Sci Bio/technol 8(2):187-200.* https://doi.org/10.1007/s11157-009-9148-0

Patinvoh RJ, Taherzadeh MJ (2019) Desafios da implementação do biogás nos

países em desenvolvimento. *Curr Opin Environ Sci Health 12:30-37.* https://doi.org/10.1016Zj.coesh.2019.09.006
Puzzolo E, Pope D, Stanistreet D, Rehfuess EA, Bruce NG (2016) Clean fuels for resource-poor settings: a systematic review of barriers and enablers to adoption and sustained use. *Investigação Ambiental 146:218-234.* https://doi.org/10.1016Zj.envres.2016.01.002
Piedrahita R, Dickinson K, Kanyomse E, Coffey E, Alirigia R, Hagar Y, (2016) Avaliação do empilhamento de fogões no norte do Gana utilizando inquéritos e monitores de utilização de fogões. *Energia para o Desenvolvimento Sustentável 34: 67-76* https://doi.Org/10.1016/J.ESD.2016.07.007
Roopnarain A (2020) *Biogas technology in Africa: an assessment of feedstock, barriers, socio-economic impact and the way forward.* In: Balagurusamy N, Chandel AK (eds) Biogas Production. Springer, Cham. pp. 415-445
Roubík H, Mazancová J, Banout J, Verner V (2016) Addressing problems at smallscale biogas digesters: a case study from central Vietnam. *J Clean Prod 112:2784-2792.* https://doi.org/10.1016/j.jclepro.2015.09.114
Rupf GV, Bahri PA, de Boer K, McHenry MP (2015) Barriers and opportunities of biogas dissemination in Sub-Saharan Africa and lessons learned from Rwanda, Tanzania, China, India, and Nepal. *Renew Sustain Energy Rev 52:468-476.* https://doi.org/10.1016Zj.rser.2015.07.107
Rupf GV, Bahri P, Boer KD, McHenry M. (2016) Broadening the potential of biogas in Sub-Saharan Africa: an assessment of feasible technologies and feedstocks (Alargar o potencial do biogás na África Subsariana: uma avaliação das tecnologias e matérias-primas viáveis). Renewable and Sustainable Energy Reviews 61: 556-571 https://doi.org/10.1016/j.rser.2016.04.023
Sesan T, Jewitt S, Clifford M, Ray C. (2018) Formação em casa de banho: o que pode o sector dos fogões aprender com a promoção de saneamento melhorado? *Int J Environ Health Res;28: 667-82.* https://doi.org/10.1080/09603123.2018.1503235.
Shane A, Gheewala SH, Kasali G (2015) Potencial, barreiras e perspectivas da produção de biogás na Zâmbia. *J Sustain Energy Environ 6:21-26*
Silaen M, Taylor R, Bößner S, Anger-Kraavi A, Chewpreecha U, Badinotti A, Takama T (2020) Lessons from Bali for small-scale biogas development in Indonésia. *Environ Innov Soc Trânsito 35:445-459.* https://doi.org/10.1016/j.eist.2019.09.003
Smith J, Abegaz A, Matthews RB, Subedi M, Orskov ER, Tumwesige V, Smith P (2014) Qual é o potencial dos digestores de biogás para melhorar a fertilidade do solo e a produção agrícola na África Subsariana. *Biomass Bioenergy 70:58-72.* https://doi.org/10.1016/j.biombioe.2014.02.030

Surroop D, Bundhoo ZMA, Raghoo P (2019) Resíduos para energia através do biogás para melhorar a segurança energética e transformar o panorama energético de África. *Curr Opin Green Sustain Chem 18:79-83.* https://doi.org/10.1016/j.cogsc.2019.02.010

Surendra, K.C. Takara, D. Hashimoto, A.G. Khanal S.K., (2014) O biogás como fonte de energia sustentável para os países em desenvolvimento: oportunidades e desafios, *Renew. Sustain. Energy Rev. 31 846-859,* https:// doi. org/ 10.1016/j. rser.2013.12.015.

Shen, Y. Linville, J.L. Urgun-Demirtas, M. Mintz, M.M. Snyder, S.W. (2015) An overview of biogas production and utilization at full-scale wastewater treatment digesters (WWTPs) in the United States: challenges and opportunities towards energy-neutral WWTPs, *Renew. Sustain. Energy Rev. 50 346-362,* https://doi. org/10.1016/j.rser.2015.04.129

Sovacool, B.K. Kryman, M. Smith, T. (2015) Scaling and commercializing mobile biogas systems in Kenya: a qualitative pilot study, *Renew. Energy 76: 115-125,* https://doi.org/10.1016Zj.renene.2014.10.070

Sovacool, B.K. Kryman, M. Smith, T. (2015) Scaling and commercializing mobile biogas systems in Kenya: a qualitative pilot study, *Renew. Energy 76: 115-125,* https://doi.org/10.1016/j.renene.2014.10.070.

Shane, A. Gheewala, S.H. Kasali, G. (2015) Potencial, barreiras e perspectivas da produção de biogás na Zâmbia, *J. Sustain. Energy Environ. 6: 21-27*

Surendra, K.C. Takara, D. Hashimoto, A.G. S.K. Khanal, (2014) O biogás como fonte de energia sustentável para os países em desenvolvimento: oportunidades e desafios, *Renew. Sustain. Energy Rev. 31 846-859,* https://doi.0rg/lO.lOl6/j. rser.2013.12.015

Tigabu, A.D. F. Berkhout, P. van Beukering, (2015) A difusão de uma tecnologia de energias renováveis e o funcionamento do sistema de inovação: comparação da biodigestão no Quénia e no Ruanda, Technol. *Forecast. Soc. Change 90 331-345,* https://doi. org/lO.lOl6/j.techfore.2Ol3.O9.Ol9

Yasar, A. Nazir, S. Tabinda, A.B. Nazar, M. Rasheed, R. Afzaal, M. (2Ol7) Socioeconomic, health and agriculture benefits of rural household biogas digesters in energy scarce developing countries: a case study from Pakistan, *Renew. Energy 108 19-25,* https://doi.org/10.1016Zj.renene.2017.02.044

Tiwary, A. Williams, I.D. D.C. Pant, V.V.N. Kishore, (2Ol5) Emerging perspectives on environmental burden minimisation initiatives from anaerobic digestion technologies for community-scale biomass valorisation, *Renew. Sustain. Energy Rev. 42 883-901*, https://doi.org/10.1016/j.rser.2014.10.052.

Tucho GT, Moll H, uiterkamp AS, Nonhebel S. (2016) Problemas com a implementação do biogás nos países em desenvolvimento do ponto de vista dos requisitos laborais. https://doi.org/10.3390/EN9090750

Taylor R, Devisscher T, Silaenb M, Yuwono Y, Ismail C (2019). Riscos, barreiras e respostas ao desenvolvimento do biogás na Indonésia. Instituto Ambiental de Estocolmo. https://cdn.sei.org/wp-content/uploads/2019/05/indonesia-biogasdevelopment.pdf

Twinomunuji E, Kemausuor F, Black M, Roy A, Leach M, Oduro R Sadhukhan J e Murphy R (2020). The potential for bottled biogas for clean cooking in Africa - Documento de Trabalho de fevereiro de 2020. Universidade de Surrey, KNUST, UCPC, Engas UK e MECS. Disponível em https://www.mecs.org.uk/working-papers/.

Wamwea SN (2017) *Success and failure of biogas technology systems in rural Kenya: an analysis of the factors influencing uptake and the success rate in Kiambu and Embu counties.* Tese de Mestrado em Estudos de Desenvolvimento Internacional. Universidade Norueguesa de Ciências da Vida, Noruega.

Yousuf A, Khan MR, Pirozzi D, Ab Wahid Z (2016) Financial sustainability of biogas technology: barriers, opportunities, and solutions (Sustentabilidade financeira da tecnologia do biogás: barreiras, oportunidades e soluções). Energy Sources Part B: *Econ Económico Política 11(9):841-848.* https://doi.org/10.1080/15567249.2016.1148084

Zuzhang X (2013) Domestic biogas in a changing China: Can biogas still meet the energy needs of China's rural households. Londres: Instituto Internacional para o Ambiente e o Desenvolvimento (IIED). Londres, Reino Unido.

Zafar S. (2019) Description of a Biogas Power Digester. BioEnergy Consult n.d. https://www. bioenergyconsult.com/description-biogas-digester/(acedido em 29 de junho de 2023).

Panwar, N., Kaushik, S., Kothari, S. (2011). Role of Renewable Energy Sources in Environmental Protection: A Review. *Renewable and Sustainable Energy Reviews, 15(3), 1513-1524.*

Printed by Books on Demand GmbH, Norderstedt / Germany